国家重点研发计划 (2018YFD0300700，2016YFD0300404)
河南省"四优四化"科技支撑行动计划优质小麦专项

优质专用小麦提质增效栽培技术

李向东　方保停　高新菊　编

中原农民出版社

·郑州·

图书在版编目（CIP）数据

优质专用小麦提质增效栽培技术 / 李向东，方保停，高新菊编 . —郑州：中原农民出版社，2020.12
ISBN 978-7-5542-2340-6

Ⅰ．①优… Ⅱ．①李… ②方… ③高… Ⅲ．①小麦－栽培技术 Ⅳ．①S512.1

中国版本图书馆CIP数据核字（2020）第214302号

编委会

主　编　李向东　方保停　高新菊

副主编　（按姓氏汉语拼音排序）

邵欣欣　邵运辉　王汉芳　王恒亮　杨　程　岳俊芹　张德奇

编　者　（按姓氏汉语拼音排序）

程红建　崔靖宇　杜思梦　何盛莲　贾云东　靳海洋　刘小丽

吕凤荣　秦　峰　时艳华　武佳雯　张素瑜

优质专用小麦提质增效栽培技术
YOUZHI ZHUANYONG XIAOMAI TIZHI ZENGXIAO ZAIPEI JISHU

出 版 人：刘宏伟
策划编辑：段敬杰
责任编辑：苏国栋
责任校对：李秋娟
责任印制：孙　瑞
装帧设计：巨作图文

出版发行：中原农民出版社
　　　　　地址：郑州市郑东新区祥盛街 27 号　　邮编：450016
　　　　　电话：0371-65713859（发行部）　0371-65788651（天下农书第一编辑部）
经　　销：全国新华书店
印　　刷：河南瑞之光印刷股份有限公司
开　　本：889mm×1194mm　1/16
印　　张：11
字　　数：260 千字
版　　次：2020 年 12 月第 1 版
印　　次：2020 年 12 月第 1 次印刷
定　　价：60.00 元

序

　　粮稳天下安。保障粮食安全不仅是经济问题，更是政治问题，是国家发展和稳定的"定海神针"。在人类发展和世界格局发生新变化的新时期，确保粮食安全更是关乎人类文明繁衍和世界和平发展的基础。中国用不到世界10%的耕地养活了占世界20%的人口，正是由于粮食生产能力的不断提高和稳定，为经济社会持续健康发展提供了有力保障。

　　"中原熟，天下足。"河南作为我国小麦第一生产大省和供应大省，2020年种植面积8500万亩左右，自2015年来连续5年总产量突破350亿千克，占全国小麦总产量的28%以上，长期以来为国家粮食安全起着压舱石的作用。目前，河南正处在农业供给侧结构性改革和高质量发展的重要阶段，从一味追求产量向产量与品质协同提高转变，种植结构从中筋为主调整为强筋、中强筋、中筋、弱筋多类型并存，以强筋和弱筋为突破的优质专用小麦产业布局，力争由粮食资源大省向粮食产业强省转变，实现从"中国粮仓"到"国人厨房"再到"世界餐桌"的华丽转身。截至2020年，河南优质专用小麦种植面积已达1350万亩，订单率超过90%，逐步形成了布局区域化、经营规模化、生产标准化、发展产业化的格局，通过产业链、价值链、供应链"三链同构"，提升了优质专用小麦的自给能力、质量效益和产业竞争力。

　　"藏粮于技，丰粮有法。"在优质专用小麦的发展过程中，受品种自身遗传因素和生态气候影响，品质的年际间、区域间的不稳定和产量与品质的协同度不高，是制约优质专用小麦高质量发展的关键因素之一。因此，要结合河南省区域土壤生态气候实际，完善优质专用小麦生产的区域优化布局；结合现有优质专用小麦品种，组装配套贯穿耕、种、管、收全过程的"优质、高效、生态、安全"绿色生产技术，实现优质专用小麦的标准化生产；通过生产过程中化肥有机替代绿色培肥技术、生物农药替代化学农药减量高效利用以及栽培调控技术，确保生产方式的绿色化，促进农业由增产导向向提质导向转变。

　　本书从优质专用小麦的概念、生产问题和发展战略、绿色高效栽培关键技术、病虫害绿色防控技术、提质减灾应变栽培技术等方面，系统介绍了优质小麦生产环节中的关键技术，是一部技术与科普兼顾型读物，可供广大科研工作者、各级农业技术推广人员和农民朋友参考使用。希望本书能为提高河南优质专用小麦生产的科技水平提供有益的参考和借鉴，为河南优质专用小麦产业的发展提供有力的技术支撑。

中国工程院院士

河南省农业科学院院长

2020 年 10 月于郑州

前　言

河南作为我国最重要的小麦产区，在保障我国粮食安全尤其是口粮安全方面起到了巨大的支撑作用。小麦品种和栽培技术不断更新和进步，产量水平不断提高，保证了国民的基本数量需求。随着社会经济发展和人民生活水平的改善，对优质专用小麦的需求越来越高，尤其是面包、糕点制品的生产量急骤增加，但目前我国优质专用小麦产量明显不足，需要进口一部分优质专用小麦，而国际形势的复杂性使得我们越来越需要自产自足，不能主要依赖于国际市场。在国际国内新的形势下，推进农业供给侧结构性改革，大力发展优质专用小麦生产，已成为我国尤其是河南省进行农业结构调整、促进农业转型升级、实现高质量发展的重要举措。

河南省地处南北气候过渡带，非常适合小麦尤其是优质专用小麦的种植，但受地理过渡带的影响，气候过渡性和灾害多发性也十分明显，小麦产量和品质的变异系数较大。如何结合河南省的生态气候实际，根据推广品种的特征特性，实施布局区域化、种植规模化、生产标准化、发展产业化，是实现优质小麦产业化发展的关键。本书正是基于这种实际情况，从优质专用小麦的绿色高效生产入手，详细介绍了优质专用小麦的概念，优质专用小麦生产上存在的问题、技术需求和发展战略，优质专用小麦绿色高效栽培关键技术，优质专用小麦管理关键技术、病虫草害绿色防控技术、提质减灾应变栽培技术，同时对目前生产上大面积应用的优质小麦品种及特征特性进行了比较详细的介绍，为广大农民朋友选择适合当地气候特点的品种提供参考。

本书采用了理论指导和技术科普相结合的方式，在编写过程中有以下特点：

一是详细介绍了优质专用小麦的概念以及籽粒营养品质、加工品质、品质生态区划和优质专用小麦的国家标准和分级等。分析了优质专用小麦发展的技术需求和发展方向，列举了目前生产上大面积应用的优质专用小麦品种的特征特性和栽培技术要点。

二是结合优质专用小麦的品质形成机制，阐述了优质专用的小麦产量与品质协同提高、以水资源节约和化肥农药减施为核心的绿色栽培技术，包括整地播种、水肥运筹和小麦苗期 – 越冬、返青 – 孕穗和抽穗 – 成熟各关键时期管理关键技术。

三是从绿色高效防控的角度，详细论述了优质专用小麦病虫草害发生的特点和规律以及识别方法，高效低毒农药的选用和以农业防治、物理防治、生物防治为主，化学防治相结合的绿色高效防控技术；同时描述了河南小麦生产上主要气象灾害干旱、低温冻（寒）害、高温干热风、湿害等的发生规律、危害特征和减灾应变技术。

本书作者分工：

本书第一章，第二章第二节，第六章第一节、第三节、第四节，第七章第一节、第二节、第三节、第四节，第八章第三节由方保停编写；第二章第一节由李向东、邵运辉、杜思梦编写；第二章第三节由李向东、张德奇、时艳华编写；第三章第一节由杨程、武佳雯编写；第三章第二节由方保停、程红建编写；第三章第三节、第四节，第四章第一节、第三节，第六章第二节、第六节，第八章第一节、第二节由杨程编写；第四章第二节由李向东、岳俊芹、崔靖宇、刘小丽编写；第五章第一节、第二节、第四节由高新菊编写；第五章第三节由高新菊、李向东、王恒亮编写；第五章第五节由高新菊、邵欣欣编写；第六章第五节由李向东、何盛莲、秦峰、吕凤荣编写；第七章第五节由李向东、王汉芳、贾云东、张素瑜编写。

本书可供农业科研工作者、农业技术推广人员、新型农业经营主体和农民朋友参考使用。

作　者

2020 年 10 月于郑州

目　录

第一章 优质专用小麦品质的概念、分类及生态区划

随着社会经济的发展，国民生活水平的提升，饮食习惯的改变，人们对制作面包、糕点等的专用小麦的需求量日益增多。本章主要介绍了优质专用小麦的概念及小麦品质、优质专用小麦的国家标准和分级、优质专用小麦品质生态区划等。

第一节 优质专用小麦品质的概念和分类

进入 21 世纪以来，随着我国人民生活水平的提高和膳食结构的改变，我国小麦生产开始进行战略性调整，从单纯的产量型向优质高产高效型转变。通过政府的政策推动和各级科研单位的技术攻关，我国的优质专用小麦生产得到了较为快速的发展，但是还存在概念不清、产业化不强等问题，许多农民认为播种了优质品种，生产出来的就一定是优质小麦，对优质小麦的生产发展存在着误解。

一、优质专用小麦品质的概念

（一）小麦品质的内涵

小麦品质是指小麦品种对某种特定最终用途、产品的适合和满足程度。一般来讲，小麦品质由外观品质和内在品质组成：

1. **外观品质** 主要包括籽粒的颜色、形状、饱满度、整齐度、腹沟深浅等。

2. **内在品质** 主要指营养品质和加工品质，其中营养品质包括碳水化合物、蛋白质、脂肪、矿物质以及维生素等营养物质的质量和含量；加工品质主要从加工过程的需求而言，包括磨粉品质、面粉品质、面团品质、烘烤品质和蒸煮品质等，加工品质也可以分为一次加工品质（制粉品质）和二次加工品质（食品制作品质）两个方面。

（二）优质专用小麦概念

在过去我国人民生活水平处于温饱状态时，小麦生产强调以高产为主，没有对品质提出特别的要求。解决了基本温饱以后，人们对小麦品质的需求应运而生。因此，优质专用小麦是随着市场变化和居民消费需求而出现的一个阶段性的概念。优质是相对普通而言，专用是相对通用而言。随着社会经济的发展和人们生活水平不断提高，对食品的多样性、营养性方面提出了更高的要求，出现了面包、饼干、饺子和方便面等多种类型的食品。而过去大众化的"标准粉"已不适合制作这些专用食品，专用面粉的生产已成为市场的需要。生产不同类型的面粉，就需要有相应的原粮，对原粮小麦的这种不同要求，促进了"优质专用小麦"这一概念的形成。

通俗地讲，特定的面食制品需要专用的小麦面粉制作，而专用的小麦面粉需要一定品种的小麦原粮来加工，适合加工和制作某种食品和专用粉的小麦原粮，相对这种食品和面粉来说就是"优质专用小麦"。

品质优良且具有专门用途的小麦，即经过规模化、区域化种植，综合性状表现突出、种性纯正、品质稳定，达到国家专用小麦品种品质标准，不需要经过配麦等工艺就能够加工成具有优良品质的专用食品的小麦。

目前，我国小麦生产上硬质强筋的面包用小麦和软质弱筋的饼干用小麦均不能满足加工需求，强筋粉的加工和高级食品原料的生产只能依赖于进口小麦或与进口小麦搭配。而弱筋粉的加工和高级食品原料的生产则相反，需要添加剂以改变面团的流变学特性，造成了资源、工艺、经济等方面不应有的浪费。

（三）优质专用小麦的基本特征

1. **优质**　优质指品质优良。目前为各行业共同接受的小麦品质评价指标主要是小麦的容重、湿面筋的含量和质量（收储企业将籽粒蛋白质、湿面筋含量和稳定时间作为三大必备指标）。不同指标的小麦可以分别加工强筋面粉和弱筋面粉。一般而言，籽粒蛋白质的含量高、湿面筋高、面筋强度大的可加工为强筋粉，反之为弱筋粉。强筋粉可用于加工面包食品；弱筋粉可用于加工饼干、蛋糕食品；中筋粉可用于加工馒头、面条等食品。

2. **专用**　优质专用小麦就是指具有专门用途的小麦，如面包型小麦、饼干型小麦、优质挂面型小麦及专用饺子粉、拉面粉等。不同的食品具有不同的品质指标要求。

3. **稳定**　品质稳定即优质专用小麦要求规模化生产（如集中连片、单收单打单储）以防止混杂，同时要求区域化种植，因为只有生态环境适应，才能保持种性纯正、品质稳定而且优良。

二、优质专用小麦品质的分类

（一）小麦籽粒的形态品质

1. **籽粒形状**　小麦籽粒形状一般可分为长圆形、卵圆形、椭圆形和短圆形等几种类型。长圆形籽粒中部稍宽、两端较窄，长度为宽度的 2 倍以上；卵圆形呈籽粒下部宽、上部窄；椭圆形籽粒中部宽，两端狭窄，长度是宽度的 1.5 ~ 2 倍；短圆形籽粒的外形近似圆形。一般情况下短圆形和椭圆形小麦的容重和出粉率都比较高。

2. **籽粒整齐度**　籽粒整齐度是指籽粒形状和大小的均匀一致性程度。籽粒整齐度可分为三级：同样形状和大小的籽粒占总籽粒数的 90% 以上为整齐，低于 70% 为不整齐，介于两者之间为中等。籽粒越整齐、出粉率越高；反之，出粉率越低。

3. **籽粒饱满度**　小麦籽粒饱满度是小麦育种中一个十分重要的性状指标，不仅是产量和品质的重要决定因素，也是品种适应性和抗逆性的评判指标。

小麦籽粒的饱满度与出粉率有很大关系，一般情况下籽粒饱满度好的品种出粉率也比较高。籽粒饱满度与品种的遗传特性和环境条件关系较大，饱满种子的形成是一个多因素、多环节的综合过程，它不仅取决于植物对种子营养的供给能力，而且也取决于种子接受和容纳这些物质的能力，即取决于源、库、流的协调性。

成熟干燥种子从饱满度上分为五级：

一级：胚乳充实，种皮光滑。

二级：胚乳充实，种皮略显皱褶。

三级：胚乳充实，种皮有明显皱褶。

四级：胚乳明显不充实，种皮有明显皱褶。

五级：胚乳极不充实，种皮皱褶非常明显。

4. **籽粒颜色**　小麦籽粒颜色以白色和红色最为常见，此外还有紫色和蓝色品种。红色品种是由于因籽粒种皮内的红色素引起的，紫色品种是因籽粒种皮内含有紫色素，蓝色品种则是由于糊粉层中含有蓝色素造成的。

5. **胚乳质地**　胚乳质地包括角质率和硬度两个方面，二者存在着显著的正相关。角质率反映的是籽粒外观上的角质程度，而硬度反映的是胚乳中蛋白质与淀粉结合的紧密程度。

1）角质率　角质率是指籽粒横断面角质胚乳所占的比例。根据角质率数值的大小可将小麦籽粒分为全角质、半角质和粉质三种类型。蛋白质含量是影响角质率的重要因素，一般来说蛋白质含量高的品种角质率也较高。另外，籽粒的成熟度和收获时受潮都会影响角质率的程度。角质率是遗传性状，同时易受环境影响。乳熟后期连续多雨和氮素缺乏时，对角质形成不利，增施磷肥则利于提高角质率。

一般情况下角质（又称玻璃质，是指胚乳结构紧密呈半透明状的部分）大于70%的籽粒称为硬质小麦，小于70%的称为软质小麦。

2）籽粒硬度　小麦籽粒硬度是指破坏籽粒所受到的阻力，即破坏籽粒所需要的外力。国外用不同的仪器测定这种"力"作为硬度的分类标准，而我国则用角质率测定。硬度反映的是小麦胚乳蛋白质与淀粉结合的紧密程度，主要是由小麦遗传特性决定的。硬度虽受环境影响，但总体上基因型效应＞基因型环境互作效应＞环境效应。

籽粒硬度是小麦品质的重要指标之一，根据硬度的不同可以将小麦分为软麦和硬麦。硬麦和软麦蛋白质与淀粉结合的紧密程度不同，导致其制粉工艺条件也有较大的差异，因此小麦硬度与其加工工艺密切相关。

硬麦和软麦的磨粉品质有较大差异：硬麦磨粉时需要消耗较大的能量，但筛理相对容易，出粉率高、麸皮较少、色泽好、灰分低；软麦磨粉时虽然耗能少，但筛理比较困难、麸皮较多、易堵塞粉路。硬麦和软麦的吸水特性也有较大差异：硬麦由于磨粉时损伤淀粉比例大，小麦粉的吸水率较高，易膨胀，适宜用来制作面包；软麦破损淀粉粒少、吸水率低、不变形、易烘干，适宜用来制作饼干、糕点等食品。

（二）小麦籽粒的营养品质

小麦籽粒的营养品质是指小麦籽粒中含有的为人体所必需的各种营养成分，如蛋白质、氨基酸（主要是赖氨酸）、淀粉、脂肪、纤维素、维生素和一些矿物质等，其含量多少及生物价值的高低是衡量小麦营养品质优劣的标准。成熟的小麦籽粒中，一般淀粉占64%～70%、蛋白质占10%～15%、水分占13%～15%，油脂占2%左右、粗纤维占2%左右、灰分占1.8%左右。其中蛋白质、淀粉和纤维素等成分主要分布在胚乳中，脂肪则主要分布在胚中。

1.蛋白质　蛋白质是一切生命的物质基础，这不仅是因为蛋白质是构成机体组织和器官的基本成分，更重要的是蛋白质本身能不断地进行合成与分解。这种合成与分解的对立统一过程，推动了生命活动，调节有机体的正常生理功能，保证机体的生长、发育、繁殖、遗传以及修补损伤的组织。在评价食物的营养品质时，主要是看其蛋白质含量和品质能否满足人们的需要。蛋白质存在于小麦籽粒的各个部位，其中胚中占3.5%、胚乳中占72.0%、糊粉层中占15%、盾片中占4.5%、果皮和种皮中占5.0%。小麦籽粒（面粉）中蛋白质含量是评价小麦营养品质优劣的重要指标。Osborne根据蛋白质的溶解性，将其分成四大类，即清蛋白（溶于水）、球蛋白（溶于稀盐）、醇溶蛋白（溶于乙醇）和麦谷蛋白（溶于稀酸或稀碱），它们占蛋白质的比重分别为9%、5%、40%和46%。

1）清蛋白和球蛋白　又称为可溶性蛋白或细胞质蛋白，主要以参与代谢活动的酶类为主，属于营养价值较高的蛋白质，富含人体所必需的7种氨基酸，含量占小麦籽粒干重的1%左右，占籽粒总蛋白量的20%左右。

2）醇溶蛋白和麦谷蛋白　又称储存蛋白，均属于简单蛋白，也是面筋的主要部分。其中醇溶蛋白是面筋的主要成分，占面筋蛋白总量的43%，麦谷蛋白占面筋蛋白总量的9%。醇溶蛋白与面团延伸性关系密切，麦谷蛋白则与面团抗延阻力高度相关，两种蛋白对面包的烘烤品质都影响较大。胚乳中的蛋白质主要由麦谷蛋白和醇溶蛋白组成的，球蛋白和清蛋白含量很少。

受生态环境的影响，我国小麦的蛋白质含量从北向南呈下降趋势：北部麦区小麦籽粒蛋白质含量较高的品种比较多，而南方麦区小麦籽粒蛋白质含量达 15% 的品种极少。小麦籽粒蛋白质含量对食品加工品质影响很大：含量达 15% 以上的品种适合做面包制品，11.5% 以下的适合做饼干和糕点，12.5% ~ 13.5% 适于做馒头和面条等。据国内外研究结果，同一小麦品种的籽粒蛋白质含量一般比面粉蛋白质含量高 2.5% 左右。许多国家根据小麦面粉蛋白质含量多少将小麦分级定等。我国小麦品种的蛋白质含量为 12% ~ 13%，总平均值为 12.7%，与国外小麦相比数量相当（如美国为 12.7%、澳大利亚 14%、苏联 14% ~ 15%），但质量相差较大，这是我国小麦整体品质不理想的主要原因之一。

2. 氨基酸　氨基酸是组成蛋白质的基本单位，蛋白质由多种氨基酸组成（表 1-1）。人体能自身合成的氨基酸，也称非必需氨基酸；而人体不能自身合成的氨基酸，称必需氨基酸。必需氨基酸必须从食物中获取，其中最重要的是人体内第一需要的氨基酸——赖氨酸，其含量高低也是影响小麦营养品质的重要因素。不同小麦品种蛋白质中的氨基酸组成和比例均不同。

表1-1　2009-2011 年不同麦区冬小麦籽粒各种氨基酸含量（刘慧，2016）

氨基酸组分	氨基酸含量（%）					比例（%）
	2009年	2010年	2011年	平均	变幅	
必需氨基酸						
亮氨酸	7.9 ± 1.1	9.1 ± 1.0	8.8 ± 1.1	8.7 ± 1.1	5.5 ~ 12.1	7.1 ± 0.3
苯丙氨酸	5.4 ± 0.8	6.3 ± 0.8	6.0 ± 0.7	5.9 ± 0.9	3.8 ~ 8.2	4.8 ± 0.3
缬氨酸	5.2 ± 1.8	5.9 ± 0.7	6.1 ± 0.9	5.8 ± 1.2	3.3 ~ 11.5	4.7 ± 0.7
异亮氨酸	3.7 ± 0.7	4.4 ± 0.6	4.4 ± 0.5	4.2 ± 0.7	2.3 ~ 6.3	3.4 ± 0.2
苏氨酸	3.3 ± 0.5	3.9 ± 0.4	3.7 ± 0.3	3.6 ± 0.4	2.2 ~ 4.8	3.0 ± 0.2
蛋氨酸	2.0 ± 0.3	2.2 ± 0.2	2.3 ± 0.3	2.2 ± 0.3	1.4 ~ 3.2	1.8 ± 0.2
色氨酸	1.4 ± 0.2	1.3 ± 0.3	1.4 ± 0.5	1.4 ± 0.3	0.2 ~ 2.4	1.1 ± 0.3
必需氨基酸总量	32.0 ± 5.1	36.7 ± 3.8	36.1 ± 3.4	35.2 ± 4.5	22.8 ~ 48.3	
非必需氨基酸						
谷氨酸	35.2 ± 5.1	37.2 ± 5.1	37.8 ± 5.0	36.9 ± 5.2	21.3 ~ 55.9	30.1 ± 1.3
脯氨酸	11.1 ± 1.7	13.5 ± 1.9	13.7 ± 1.6	12.9 ± 2.1	6.7 ~ 18.7	10.5 ± 0.8
天门冬氨酸	5.8 ± 0.9	6.6v0.7	6.5 ± 0.7	6.4 ± 0.8	2.2 ~ 8.5	5.2 ± 0.4
丝氨酸	5.6 ± 0.8	6.0 ± 0.7	5.8 ± 0.6	5.8 ± 0.7	3.8 ~ 8.0	4.7 ± 0.3
精氨酸	5.2 ± 1.5	5.9 ± 0.7	5.7 ± 0.7	5.6 ± 1.0	1.5 ~ 7.7	4.6 ± 0.6
甘氨酸	4.7 ± 0.5	5.3 ± 0.6	5.3 ± 0.5	5.1 ± 0.6	3.3 ~ 7.0	4.2 ± 0.2
丙氨酸	4.0 ± 0.5	4.6 ± 0.5	4.7 ± 0.4	4.5 ± 0.5	2.9 ~ 6.1	3.7 ± 0.2
胱氨酸	3.4 ± 0.4	3.5 ± 0.4	3.3 ± 0.4	3.4 ± 0.4	2.1 ~ 5.9	2.8 ± 0.3

氨基酸组分	氨基酸含量（%）					比例（%）
	2009年	2010年	2011年	平均	变幅	
酪氨酸	3.6 ± 0.6	3.5 ± 0.7	2.9 ± 0.6	3.3 ± 0.7	1.6 ~ 5.4	2.7 ± 0.5
组氨酸	3.7 ± 0.6	3.0 ± 0.3	3.0 ± 0.4	3.2 ± 0.6	2.0 ~ 5.0	2.6 ± 0.5
非必需氨基酸总量	82.4 ± 11.0	89.1 ± 10.8	88.7 ± 9.6	87.1 ± 10.8	56.8 ~ 120.2	
必需氨基酸/氨基酸总量	28.0 ± 1.8	29.0 ± 0.6	29.0 ± 0.8	28.8 ± 1.2	25.6 ~ 33.5	

3. 淀粉　淀粉是由许多 α-葡萄糖分子组成的多糖，是成熟小麦籽粒的主要成分，占小麦籽粒重量的65%以上，可降解成葡萄糖。淀粉主要存在于胚乳中，几乎占胚乳干物质的80%，其他部位含量很少。根据淀粉的分子结构通常可将其分为直链淀粉和支链淀粉两种类型，二者的比例分别为24%和76%。直链淀粉是由 α-D-葡萄糖单位以 α-1，4-苷键连接而成的直链结构，葡萄糖单位在200 ~ 1 000，分子量在32 000 ~ 165 000。支链淀粉由600 ~ 6 000个 α-D-葡萄糖单位缩合而成的，分子量在100 000 ~ 1 000 000，葡萄糖单位也是以 α-1，4-苷键连接而成的直链，到一定程度以 α-1，6-苷键形式而产生支链。每一个支链淀粉分子有50 ~ 70个支链，每一个支链约含20个葡萄糖单位。直链淀粉易溶于热水，溶液黏稠度较低；支链淀粉不易溶于水，溶液较黏稠。直链淀粉具有螺旋结构，遇碘呈蓝色；支链淀粉由于缺乏较长的螺旋葡萄糖链，遇碘呈蓝紫色。

小麦淀粉与品质的关系主要反映在其与面粉品质和食品品质的关系上。淀粉含量和颗粒性状等品质性状影响着面粉的出粉率、白度、α-淀粉酶活性（降落值）和灰分含量等指标；而淀粉或面粉中直链淀粉含量、直链淀粉与支链淀粉的比例、糊化温度、凝沉性、黏度性状和肿胀特性及淀粉损伤等性状则影响馒头、面条和面包等食品的外观品质和食用品质。

淀粉黏度性状是指淀粉悬浮液在加热到糊化温度以上时所形成的糊浆的黏性，这种黏性随温度的变化而变化。多数研究表明，黏度性状与面条评分及大部分面条品质参数间存在着显著的正相关关系。

高峰黏度和低谷黏度与面条软度呈高度正相关，而所有黏度参数与面条光滑性相关性均不显著。RVA反弹值和面条软度呈极显著负相关，而与光滑性呈显著正相关；面条弹性与所有黏度参数的相关性不显著。

4. 纤维素、脂肪等其他营养成分　纤维素常与半纤维素伴生，是小麦籽粒细胞壁的主要成分，占小麦籽粒总质量的1.9% ~ 3.4%，主要分布在皮层中。小麦籽粒中的脂肪含量一般为1.9% ~ 2.5%，其中胚中脂肪的含量可达15%以上。小麦籽粒中还含有多种矿物质，一般占小麦籽粒重的1.5% ~ 2.0%，大部分存在于麸皮和胚中，尤其在糊粉层中含量最高。小麦籽粒中的维生素主要存在于胚和糊粉层中。

（三）小麦籽粒的加工品质

加工品质，包括一次加工品质和二次加工品质。一次加工品质指磨粉品质、面粉品质和面团品质等，是在小麦加工成小麦粉的过程中，加工所用机具、粉种、加工工艺、流程及经济效益对小麦的构成和物化特性的综合要求，如小麦籽粒饱满、容重高、种皮薄、颜色浅，出粉率就高，粉色也就好。二次加工品质包括烘烤品质和蒸煮品质，指制作各种食品对面粉或小麦的物化特性的质量要求。不同食品对物化指标要求差异较大：面包粉要求粗蛋白质含量大于15%，湿面筋含量大于35%，沉降值高于50毫升、粉质仪的稳定时间大于12分、面包评分大于80分；饼干粉则要求粗蛋白质含量小于10%、湿面筋含量小于22%、沉降值低于18毫升、粉质仪的稳定时间小于2.5分。

1. 一次加工品质

1）磨粉品质

（1）出粉率　出粉率是指单位重量籽粒所磨出的面粉与籽粒重量之比。出粉率的高低不仅直接关系到面粉厂的经济效益，也是衡量小麦碾磨品质的重要指标之一。出粉率的高低主要由两方面因素决定：一是胚乳占小麦籽粒的比例，主要与籽粒大小和形状、皮层厚度、腹沟深浅、胚的大小等性状有关；二是制粉时胚乳与其他部分分离的难易程度，主要与胚乳质地、籽粒含水量和粗纤维含量有关。一般情况下大粒品种、近圆形、腹沟浅的品种胚乳所占比例也较高，出粉率也相对较高。

（2）容重　容重是小麦籽粒形状、大小、整齐度、饱满度、腹沟深浅、胚乳质地等性状和特征的综合体现。容重与出粉率和灰分含量之间的关系密切，一般情况下，容重高的出粉率也高、灰分含量也较低。我国和世界上大多数国家都将容重列为小麦收购、调运、储藏和加工的重要品质指标。我国小麦的容重较高，因此我国小麦收购的分等定级也主要依据容重指标：一级小麦要求容重达790克/升以上，每下降20克小麦降低一个等级。优质强筋小麦的容重指标应达770克/升。

2）面粉品质

（1）面粉白度　小麦面粉的色泽和白度是面粉品质的重要指标，也是小麦粉加工精度的标志。小麦面粉的色泽与小麦的种皮颜色、胚乳质地以及面粉的粗细度、面粉内含物含量等因素有关。小麦色素含量和多酚氧化酶活性是影响小麦粉白度的重要因素。小麦籽粒中的色素主要包括黄色素和棕色素，黄色素的主要成分是类胡萝卜素类化合物，是使粉色变黄的主要因素。新鲜小麦粉白度稍差，经过一段时间储藏后，类胡萝卜素被氧化而使粉色变白。不同小麦品种之间黄色素的含量可相差3~4倍，其遗传力为0.68。多酚氧化酶活性也主要受遗传因素影响，不同品种之间多酚氧化酶的活性可相差2~14倍。一般情况下软麦比硬麦的粉色好，含水量过高或面粉颗粒过粗都会使面粉的白度下降。在制粉过程中，高质量的麦芯在制粉前路提出，颜色较白，灰分也较低，后路出粉的颜色深灰，灰分也略高。由于面粉颜色的深浅反映了灰分高低，因此，常常根据白度值的大小来确定面粉的等级。我国小麦品种白度为74%~76%，一些软质小麦白度在80%以上，最高可达84%。由于我国居民饮食习惯于吃白馒头，因此各厂家对白度的要求也很高。选育面粉白度较高的小麦品种成为育种者的努力方向之一。

（2）面粉灰分　小麦籽粒或小麦粉经完全灼烧后，余下的不能氧化燃烧的物质称为灰分。灰分是小麦粉等级划分的另外一个重要指标之一。灰分在小麦籽粒中各部位的含量有很大差异（表1-2），主要集中在糊粉层和种皮中。灰分含量的多少因品种、土壤、气候、肥水与灌溉措施的不同而有较大差异。小麦粉中的灰分含量过高，会造成粉色加深，使加工出的面粉产品色泽发灰、发暗。新制定的有关小麦专用粉标准规定：面包用小麦精制级和普通级的灰分应分别 ≤ 0.60% 和 ≤ 0.75%，面条、饺子、馒头、饼干和糕点精制级和普通级的灰分应分别 ≤ 0.55% 和 ≤ 0.70%，可见灰分指标在面粉加工中的重要地位。同时，面粉中的灰分与出粉率和面粉加工精度关系也极为密切，从食用和加工优质面粉的角度来说，减少面粉中的灰分含量和提高小麦粉的加工精度非常重要，有利于提高面粉质量和促进销售，给厂家带来更大的经济效益。

表1-2　小麦籽粒各组成部分的灰分含量（刘玉田，2002）

组成部分	全麦粒	果皮	种皮和珠心层	糊粉层	麸皮（皮层）	胚乳	胚
灰分（%）	1.0	5.0	8.0	11.0	8.0	0.4	5.5

（3）面筋含量　面筋是由小麦粉加入一定量的水经揉洗而形成的，是小麦面粉独有的黏弹性物质。当水加入面粉后，醇溶蛋白和麦谷蛋白开始吸水膨胀，分子间相互连接，经揉和组成面筋薄膜网而构成骨架，进而形成连续的面团结构。由于醇溶蛋白的分子较小且具有紧密的三维结构，因而使面筋具有黏性。而麦谷蛋白由于具有 200 万～300 万数量级的大分子，其多肽链侧链的非极性氨基酸残基具有疏水作用，同时多肽链中的二硫键和许多次级键共同作用而使面筋具有弹性。面筋的黏弹性与加工各种食品的品质关系极为密切，是衡量小麦面粉品质的重要指标。我国已将湿面筋含量列为优质小麦收购的质量检验标准之一。

我国小麦品种或商品粮中的湿面筋含量为 17%～50%，平均含量为 30%。面筋的质量大多数在中弱面筋之间，强面筋占少数，弱面筋也不多，单独加工不能满足制作优质面包和饼干的需要。我国制定的优质小麦品种、优质商品小麦及优质小麦粉的行业标准中都对湿面筋含量做了明确的规定（表1-3）。

表1-3　我国优质小麦和专用面粉的湿面筋含量指标（%）

类型	面包小麦粉	强筋小麦粉	面包小麦粉	优质小麦粉	面条、馒头小麦粉	弱筋小麦粉	饼干、糕点小麦粉
一级	≥33.0	≥35.0	≥36.0	≥40.0	≥28.0	≤22.0	≤22.0
二级	≥30.0	≥32.0	≥32.0	≥35.0	≥26.0		≤26.0
三级			≥28.0	≥30.0			

（4）沉降值　沉降值又称沉淀值，是衡量面筋、蛋白质含量和品质的综合指标，也是衡量面粉品质的综合指标，一些国家根据沉降值的大小将面粉分为高强度面粉（≥ 50 毫升）和低强度面粉（≤ 30 毫升），介于二者中间的为中强度面粉。我国小麦面粉的沉降值为 26 毫升左右，变幅为 9～70 毫升，

绝大多数小麦品种的面粉沉降值为16～35毫升，40毫升以上的仅占5%左右。我国优质面包、优质饼干及糕点小麦品种对沉降值都有具体的标准要求（表1-4）。

表1-4 不同类型小麦的沉降值标准（毫升）

类型	优质小麦	面包小麦	饼干、糕点小麦
一级	≥55	≥45	≤18
二级	≥45	≥40	≤23
三级	≥35	≥35	

（5）降落数值 降落数值是反映粮食或面粉中 α-淀粉酶活性的一项重要指标。降落数值是用黏度搅拌器在淀粉酶分解并液化的热凝胶糊化液中下降一段特定高度所需的秒数来表示的。其原理就是利用 α-淀粉酶对糊化淀粉液化分解的作用来测定酶的活性。由于受液化分解后的热凝胶糊化液黏度明显下降，因而根据黏度的变化可以反映酶的含量的变化。降落数值越小，黏度越低，说明 α-淀粉酶的活性越强。降落数值低于150的小麦为发芽麦，其面粉不能用来生产面包；降落数值大于350的小麦，α-淀粉酶活性过低，其面粉也不适宜于烤制面包。不同食品对降落数值的要求也不相同（表1-5）。

表1-5 不同食品对降落数值的要求（秒）

强筋小麦	面包粉	面条粉	饺子粉	馒头粉	弱筋小麦	发酵饼干粉	糕点粉
≥300	250~350	≥200	≥250	≥250	≥300	250~350	≥160

3）面团品质 小麦面团的品质包括面团黏弹性、烘焙品质、黏合性和延伸性等。为了掌握面团形成过程中的黏弹性变化及特性，给加工过程制定较为适宜的加水参数与和面时间，人们研制出了反映面团流变特性的仪器，如粉质仪、拉伸仪、揉面仪、黏度仪、吹气示功仪、发酵仪等，广泛采用的是粉质仪和拉伸仪。

2. **二次加工品质** 小麦及面粉品质的好坏，最终要反映在食品成品上，因此面粉的食用品质和利用价值取决于烘焙品质和蒸煮品质。

1）烘焙品质

（1）面包烘焙品质 通过感官评价或仪器测试来评价面包品质，一般多采用感官评价方法。感官评价大多采用国际国内通用的感官评价体系（GB/T 14611—2008），或在此基础上根据实际需要稍加修改（主要是针对各指标所取的权重）。主要评价指标包括面包体积、面包外观、面包芯色泽、面包芯质地和面包芯纹理结构。仪器测试一般采用质构仪进行，获得面包的硬度、弹性、内聚性、胶着性和咀嚼性等指标。

烘焙的优质面包应具有体积大，面包心孔隙小而均匀、壁薄、结构均匀、松软有弹性、洁白美观，面包皮着色深浅适度、无裂缝和气泡、美味可口等特征。优质面包要求小麦及面粉蛋白质及面筋含量高，吸水率高，弹性大，耐揉性强，不黏机器，发酵和烘烤状况良好。

（2）饼干、蛋糕等烘焙品质　除面包外，烘焙食品还包括饼干、酥饼、蛋糕等，这类食品多以软质小麦为原料，要求小麦蛋白质含量低、面筋弹性差、筋力弱、灰分少、粉色白、颗粒细腻。

2）蒸煮品质　蒸煮品质主要指馒头、面条、饺子等加工品质及成品质量对小麦面粉的要求。影响馒头质量的小麦品质性状主要有角质率，容重，蛋白质含量，湿面筋含量，支链淀粉含量和支、直链淀粉的比值以及沉降值，降落数值，面粉吸水量，发酵成熟时间，发酵成熟体积等。面粉的物理性状、籽粒化学组分和籽粒表型品质性状对馒头加工品质性状都有显著的影响，其作用顺序为：面粉物理性状＞籽粒化学组分＞籽粒表型品质性状。优质馒头要求小麦蛋白质含量和面筋含量中上，弹性和延伸性均较好，过强、过弱的面粉制作的馒头的质量都不好。淀粉是小麦粉的主要成分，在淀粉中，粗淀粉与馒头品质呈负相关，直链淀粉含量高，则馒头体积小、发黏，支链淀粉含量一般应为中等较好，支、直链淀粉比值应为 12.8% 左右。

第二节　优质专用小麦品质的国家标准和分级

不同品质类型的小麦，对加工专用食品有着非常重要的意义。世界上许多国家都制定了本国的商品小麦和小麦品种的品质标准，1998 年国家颁布 GB/T 17320 —1998 标准，将我国小麦品种按加工用途分类，根据用途、选育和推广优良品种，使小麦生产、加工逐步达到规范化和标准化。我国为提高小麦质量并与国际标准接轨，2013 年又对标准进行了修订，于 12 月 6 日颁布实施《小麦品种品质分类》（GB/T 17320 —2013）。

一、品质类型

2013 年国家颁布的《小麦品种品质分类》（GB/T 17320 —2013），规定了小麦品种品质的分类。根据小麦籽粒的用途分为四类：

1. **强筋小麦**　胚乳为硬质，小麦粉筋力强，适用于做面包或用于配麦。
2. **中强筋小麦**　胚乳为硬质，小麦粉筋力较强，适用于做方便面、饺子、馒头、面条等食品。
3. **中筋小麦**　胚乳为硬质，小麦粉筋力适中，适用于做面条、饺子、馒头等食品。
4. **弱筋小麦**　胚乳为软质，小麦粉筋力较弱，适用于制作馒头、蛋糕、饼干等食品。

二、品质指标

该标准规定，不同类型的小麦品种的品质指标应符合表1-6的要求。

表1-6　不同类型小麦品种品质指标

项目		指标			
		强筋	中强筋	中筋	弱筋
籽粒	硬度指数	≥60	≥60	≥50	<50
	粗蛋白质（干基）（%）	≥14.0	≥13.0	≥12.5	<12.5
小麦粉	湿面筋含量（14%水基）（%）	≥30	≥28	≥25	<25
	沉淀值（Zeleny法）（毫升）	≥40	≥35	≥30	<30
	吸水量（毫升/100克）	≥60	≥58	≥56	<56
	稳定时间（分）	≥8.0	≥6.0	≥3.0	<3.0
	最大拉伸阻力（EU）	≥350	≥300	≥200	—
	能量（厘米^2）	≥90	≥65	≥50	—

在实践中，强筋小麦品质指标的选择一般以反映面筋强度的稳定时间、拉伸面积和最大拉伸阻力为主，其次是粗蛋白质含量、湿面筋含量和吸水量。同时也应考虑年度间气候变化对品质的影响。对中强筋小麦而言，粗蛋白质含量和湿面筋含量并不是越高越好。

我国小麦多以中筋小麦为主，现有的小麦品质分类标准把未达到强筋小麦、中强筋小麦和弱筋小麦品质指标的品种统统归为中筋小麦，导致中筋小麦品种之间品质差异很大，没有形成优质专用中筋小麦品种。我国中筋小麦的品质差距主要表现在三个方面：一是面筋强度不高，从1999~2019年北部冬麦区和黄淮麦区国家区域试验参试品种看，我国中筋小麦稳定时间平均值为3分，稳定时间≥3.0分的样品约占中筋小麦品种的53.6%，稳定时间≥4.0分的样仅占34.3%，难以满足机械加工要求。二是淀粉质量较低，食品口感较差。三是面团色泽容易褐变，在小麦育种时对籽粒多酚氧化酶（PPO）活性重视程度明显不足。

我国居民面食多以馒头和面条为主，由于中筋小麦具有遗传资源丰富、产量高和适应性强等特点，因此发展中筋小麦有利于从整体上提升我国的小麦质量，中筋小麦应当成为我国小麦品质育种发展的重点。

弱筋小麦品质指标的选择一般以吸水量和稳定时间为主，其次是粗蛋白质含量和湿面筋含量。由于育种水平和栽培条件限制，目前我国达标的弱筋小麦品种较少。

第三节 优质专用小麦品质生态区划

小麦的产量和品质特性是品种基因型和环境生态条件综合作用的结果。根据不同类型小麦品种在全省的多点品质测定数据，按照不同类型小麦品种与气候、土壤等自然生态因子的关系，参考全省气温、降水分区、土壤类型、土壤质地、土壤有机质和养分的分布状况等资料，综合各地生态条件差异和小麦产量、品质的表现，制定了全省小麦品质生态区划，有利于小麦品种的区域布局优化和优质小麦产业发展。目前按强筋、中强筋、中筋和弱筋小麦类型，河南省共划分为五大麦区。

一、豫西北强筋、中强筋小麦适宜种植区（Ⅰ区）

本区包括：安阳市的林州市、安阳县、汤阴县，鹤壁市淇县、浚县，新乡市的新乡县、卫辉市、辉县市、获嘉县，焦作市的沁阳市、孟州市、修武县、温县、武陟县、博爱县，济源示范区，洛阳市的孟津县、偃师县、新安县，三门峡市的义马市、渑池县，郑州市的巩义市、登封市、荥阳市、新密市等。小麦种植面积在1 100万亩左右，占河南小麦种植面积的13%。

本区主要地貌为山前平原和黄土台地，海拔一般为200～500米；土壤多属褐土类的不同土种和小面积潮土，以潮褐土、褐土为主；沿河潮土区以两合土和淤土为主；质地多为中壤至重壤，土壤呈微碱性，有机质和氮素含量较高，80%左右的耕地有机质含量为1%～2%，全氮含量为0.075%～0.15%，土壤肥力相对较高。全年降水量500～650毫升，小麦生育季节降水150～250毫米，多数年份小麦生长受到一定的水分胁迫。该区光温条件较好，全生育期≥0℃积温1 900～2 100℃，日照时数1 400～1 500小时，冬季温度适宜，光照充足，有利于培育冬前壮苗和安全越冬。该区种植制度多为两年三熟和一年两熟。

本区主要问题是自然降水少，与小麦需水量相差很大，属于土壤水分亏缺区和严重亏缺区，小麦拔节抽穗期春旱概率较高、生长后期干热风危害重。多数年份小麦生育期间需要补充灌溉，有灌溉条件的地区主要于越冬期或拔节期或灌浆期灌水1～2次。足墒播种，对培育壮苗、增强抗灾能力很重要。

本区小麦籽粒形成和灌浆期间降水量少，日照充足，土壤肥力相对较高，利于形成优质小麦，为全省小麦加工品质最优区域。本区生产条件较好，灌溉面积较大，产量水平相对较高。品种利用上应尽量选择半冬性中熟或早中熟的高产、优质品种。依据河南省种子管理站《2019年河南省小麦品种布局利用意见》，本区适宜种植的优质品种有：新麦26、丰德存麦5号、郑麦369、西农511、周麦36、郑麦366等品种，示范推广中麦578、丰德存麦21、藁优5218、西农20、泛育麦17、安科1405、郑麦158等品种。

二、豫西南中强筋、中筋小麦适宜种植区（Ⅱ区）

本区处于豫西伏牛山地及黄土丘陵区，主要包括洛阳市的汝阳县、伊川县、嵩县、宜阳县、栾川县、洛宁县，三门峡市的灵宝市、卢氏县、陕州区，平顶山市的汝州市、鲁山县、宝丰县，南阳市的南召县、西峡县、淅川县等市县。小麦种植面积在650万亩左右，占河南小麦种植面积的7.6%。

本区地貌主要是浅山丘陵岗地，多为丘陵旱作区。小麦面积小，农民以食用为主，商品率低，年降水量南高北少。土壤类型较为复杂，土壤多为立黄土、褐土、红黏土、沙土和石渣土，土层较薄，土壤肥力差异较大。土壤质地普遍较黏，多为重壤，部分为中壤，南部土壤黏重、通气性差、适耕期短，耕作比较困难。年平均气温为 12～14℃，小麦生育期内≥0℃的积温 2 000～2 200℃，全生育期日照时数 1 200～1 400 小时，小麦生育季节降水较少，尤其偏北部黄土丘陵干旱严重，10月至翌年5月为180～200毫米。

本区主要问题是麦田多为山地，由于地势较高，灌溉能力差，小麦生长靠自然降水维持，气温偏低，灾害频繁，土壤瘠薄，耕作粗放。

本区小麦千粒重比较稳定，品质较优，适宜加工成面条、挂面、饺子面的小麦生产，在土壤含有机质较丰富的地块，应选用适宜的强筋优质小麦品种，采取相应的栽培技术，发展优质强筋小麦。依据河南省种子管理站《2019年河南省小麦品种布局利用意见》，本区适宜种植的优质品种有：新麦26、周麦36、丰德存麦5号、郑麦366、郑麦379、西农979、郑麦583、郑麦7698、周麦32、周麦30、丰德存麦1号、郑麦369、西农511、郑麦3596、锦绣21、囤麦257等品种，示范推广中麦578、丰德存麦21、西农20、泛育麦17、郑麦119、安科1405、藁优5218、郑麦158等品种。

三、豫东北强筋、中强筋小麦适宜种植区（Ⅲ区）

本区位于河南省东北部、中东部，主要包括安阳市的内黄县、滑县，濮阳市的濮阳县、南乐县、台前县、清丰县、范县，新乡市的原阳县、长垣市、封丘县、延津县，郑州市的新郑市、中牟县，开封市的祥符区、尉氏县、兰考县、杞县、通许县，商丘市的梁园区、民权县、睢县、宁陵县等市县。小麦种植面积在1 900万亩左右，占河南小麦种植面积的22.6%。

本区地貌主要是黄河故道和卫河冲积平原，土壤类型主要为沙土、壤土和潮土。土壤主要特点是沙土面积大，沙土、砂壤土面积占60%以上。土壤肥力较低，保水保肥能力差，有机质含量在1%以下，绝大多数耕地全氮含量在0.05%～0.075%；磷、钾含量也较低。小麦生育期间≥0℃的积温 2 000℃左右，小麦全生育日照时数 1 400～1 600 小时，小麦生育期间降水 200～250 毫米，属小麦生育期间降水量较少的地区。

本区主要问题是冬春干旱季节大风出现频率较高，小麦生育后期常出现干热风，年出现频率

1.6～2.0次，干旱和风沙是本区域小麦生产的主要障碍因素。同时由于土壤耕层和土体的沙、黏不均匀，土壤养分供应不足，造成强筋小麦不同的品质指标变异较大，影响强筋小麦的商品价值。

本区生产条件较好，灌溉面积较大，多数年份小麦生育期间需要补充灌溉，主要于越冬期或拔节期或灌浆期灌水1～2次。但在肥力较高的黏土、壤土区，利用优质强筋小麦品种，配合增施有机肥和氮肥为主的配套技术，也可生产出适宜制作面包等的强筋小麦，一般田块适宜种植优质中强筋小麦品种。依据河南省种子管理站《2019年河南省小麦品种布局利用意见》，本区适宜种植的优质品种有：新麦26、丰德存麦5号、郑麦369、西农511、周麦36、郑麦366等品种，示范推广中麦578、丰德存麦21、藁优5218、西农20、泛育麦17、安科1405、郑麦158等品种。

四、豫中东、豫东南中筋、中强筋小麦适宜种植区（Ⅳ区）

本区大部处于北纬33～34℃，是我国由北亚热带向暖温带的典型过渡地区，主要包括商丘市的永城市、虞城县、夏邑县、柘城县，周口市的项城市、商水县、淮阳区、太康县、扶沟县、沈丘县、郸城县、鹿邑县、西华县，许昌市的禹州市、长葛市、建安区、鄢陵县、襄城县，漯河市的郾城区、临颍县、舞阳县，平顶山市的舞钢市、叶县、郏县，南阳市的邓州市、方城县、镇平县、唐河县、内乡县、新野县、社旗县，驻马店市的上蔡县、西平县、汝南县、遂平县、平舆县、泌阳县、确山县等县市。小麦种植面积在4 000万亩左右，占河南小麦种植面积的47%。

本区地势平坦，光、热、水条件均衡；其主要土壤类型以黄褐土、砂姜黑土（重壤）、黄棕壤（重壤至轻黏壤）和小面积壤质潮土为主，土壤有机质含量在1%～2%，全氮含量0.05%～0.1%。年降水700～800毫米，小麦生育期（9月至翌年5月）降水300～400毫米。大部分处于土壤水分中等区，南部为水分良好区。本区的主要特点是降水总量比较丰沛，但时空变化大，分布不均；土壤肥力偏低。小麦全生育期间春季降水变率大，旱涝交替出现，连阴雨天气较少，光照充足达500小时以上，对穗粒形成较为有利。小麦生育后期日较差常大于12℃，有利于千粒重的提高。

本区的主要问题是生育期内降水分布不均；干热风常出现，为次重干热风区。本区地下水资源比较丰富，但水质矿化度较高。干旱往往影响小麦正常生长和光资源的充分利用。春季倒春寒发生概率较大，春季低温霜冻对小麦具有一定影响。

本区生产条件较好，灌溉面积较大，多数年份小麦生育期间需要补充灌溉，主要在拔节期或灌浆期灌水。本区是河南省的主要产麦地带，小麦种植面积大，商品率高，虽然自然生态条件对强筋小麦生长发育不如西北部（Ⅰ区）优越，但作为次适宜区还是可以发展一定面积的强筋优质小麦。在发展强筋小麦的过程中，应注意选择加工品质比较稳定，地区间、年际间变异较小的优质小麦品种，并注重提高土壤有机质含量，增加小麦生育期间的氮素供应水平。依据河南省种子管理站《2019年河南省小麦品种布局利用意见》，本区适宜种植的优质品种有：新麦26、周麦36、丰德存麦5号、郑麦366、郑麦379、西农979、郑麦583、郑麦7698、周麦32、周麦30、丰德存麦1号、郑麦369、西农511、郑麦 3596、锦绣 21、囤麦 257 等品种，示范推广中麦 578、丰德存麦 21、西农 20、泛育麦 17、郑麦 119、安科 1405、藁优 5218、郑麦 158 等品种。

五、豫南弱筋小麦适宜种植区（Ⅴ区）

本区位于河南省南部地区，主要包括驻马店市的确山县、新蔡县、正阳县，南阳市的桐柏县，信阳市的潢川县、淮滨县、息县、新县、商城县、固始县、罗山县、光山县等县，属于长江流域麦区。气候属于北亚热带，年降水量在 800 毫米以上，小麦生育期降水 500 毫米左右。小麦种植面积在 830 万亩左右，占河南小麦种植面积的 9.8%。

本区水稻土面积大，旱地土壤以黄棕壤和砂姜黑土为主。水稻土的耕层比较肥沃、肥力较高，有机质含量在 1% 以上，氮素含量也较高；旱地土壤以黄棕壤和砂姜黑土为主，养分含量普遍较低，质地多为重壤至黏土，耕作困难，耕层浅。

本区主要问题是，冬前气温高，播种较晚，麦苗生长弱。春季多雨，且连阴雨频繁，对小麦穗发育不利。开花灌浆期雨水多、空气湿度大，超过该期对水分的正常需要，常导致湿害和病害蔓延。小麦灌浆期间高温、多雨、日较差较小，不利于小麦籽粒蛋白质和面筋的形成，面团强度较低，不利于强筋小麦生产，而有利于弱筋小麦生产。

本区水稻土的耕层比较肥沃，但质地较沙、淋洗程度较重，种植弱筋小麦的品质较好；而在肥力较高、土质较黏的砂姜黑土和黄棕壤耕地上，较适宜种植中筋小麦。本区域降水量较大，田间湿度大，病害发生重，品种布局时应以耐湿、耐渍、抗穗发芽、抗耐病（对赤霉病、纹枯病、白粉病有较好抗耐性）、熟期偏早的高产、优质春性或弱春性品种为主，发挥早熟品种躲病避灾的优势。依据河南省种子管理站《2019 年河南省小麦品种布局利用意见》，本区适宜种植的优质品种有：扬麦 15、扬麦 13 等品种，示范推广绵麦 51、光明麦 1311、农麦 126、皖西麦 0638 等品种。

第二章　优质专用小麦产业存在的问题和发展方向

　　2019 年河南小麦种植面积为 8 559.97 万亩，总产量为 374.18 亿千克，其中优质专用小麦种植面积为 1 203.9 万亩。显然，优质专用小麦的种植面积和产量明显满足不了市场需求，加上"专种、专收、专储、专用"产业化利用的数量和比例不够，造成优质专用小麦供应紧张。2019 年我国累计进口小麦 349 万吨，基本上都是优质专用小麦。本章介绍了优质专用小麦产业化发展存在的问题与条件优势以及优质专用小麦生产的技术需求和发展方向。

第一节　优质专用小麦产业存在的问题

　　河南省作为小麦生产大省，2020 年种植面积占全国小麦种植面积的 24.8%，产量占全国小麦总产的 28.6%，面积和产量均居全国第一位。但小麦供应上存在短板，数量有余而结构不佳，市场所需的加工专用型优质小麦偏少，不能满足需要。目前主要存在以下几个方面的问题。

一、优质专用小麦品种少且综合性状好的占比少

　　长期以来，我国在小麦生产上主要还是以追求高产为主，优质育种与产量增加的矛盾突出，长期追求产量最大化，导致优质小麦品种少。中筋小麦所占比重很大，导致"强筋不强，弱筋不弱"，强筋小麦和弱筋小麦的发展相对比较慢。目前河南省生产上种植面积超 1 万亩的强筋小麦品种和弱筋小麦品种有 20 多个，据中粮集团、五得利、益海嘉里等大型面粉企业介绍，该三大企业收购的强筋小麦和弱筋小麦的品种有 6 个。而其他强筋和弱筋品种，有些品种加工品质达不到面粉企业的要求；有些品种种植规模小，数量满足不了大型加工线的要求；有些新审定的品种，企业了解不够。截至目前，尽管选育出郑麦 9023、郑麦 366、郑麦 7698、郑麦 004、新麦 26、丰德存麦 5 号等优品种，但有些品种在抗逆性和丰产性上还存在问题，有些品种易感纹枯病、抗倒春寒能力差，有些品种抗倒性差、易发生倒伏，有些品种产量低，有些品种容易早衰、增产潜力小等，造成在生产上大面积应用存在诸多障碍和较大风险。

二、规模化生产程度不高，难以保证品质的一致性

规模化程度不高主要表现在：一是种植面积较小，优质专用小麦生产占比较低，不能形成商品量。河南省小麦种植面积常年稳定在 8 000 万亩左右，但 2016 年以前优质小麦面积只有 400 万亩左右，产量远远满足不了市场需求，而普通小麦库存较大，存在着结构性的剩余，因此，河南小麦供给侧改革和结构调整的任务也十分严峻。二是集中连片少，大面积区域化、规模化生产的地区较少（1 万亩以上），生产比较分散，给企业收购和农民销售带来许多不便。2016 年河南全省种植 600 万亩优质专用小麦，分布在 69 个县区，种植面积在 10 万亩以上的县区只有 19 个，多数县区种植面积在 5 万亩以下，种植规模尚未形成。

优质专用小麦多以小农户种植为主，种植大户比重小、实力弱。据优质专用小麦田间鉴定结果（表2-1），2017 年 8 个试点县共鉴定农户 21.1 万户，面积 200.7 万亩。其中，小农户 21 万户，占种植户的 99.4%；种植面积 164.9 万亩，占种植总面积的 82.2%。种植面积 50 亩以上的规模种植主体 1 182 个，占种植户数的 0.6%；种植面积 35.8 万亩，占总面积的 17.8%。种植面积千亩以上的种植户只有 79 户，种植面积 19.5 万亩，不到种植总面积的 1/10。从种植大户情况看，由于种粮比较效益低、财富积累慢，种植大户经济实力比较弱，大多缺乏烘干、仓储等产后设施。

表2-1　8个试点市（县）优质专用小麦田间鉴定情况表

市（县）	鉴定户数（户）	鉴定面积（万亩）	种植大户数量及面积									
			50～500亩		500～1 000亩		1 000～5 000亩		5 000亩以上		合计	
			户数（户）	面积（万亩）	户数（户）	面积（万亩）	户数（户）	面积（万亩）	户数（户）	面积（万亩）	户数（户）	面积（万亩）
息县	2 455	5.3	101	0.9	5	0.3	4	1.0	0	0.0	110	2.2
淮滨县	59 356	60.4	548	4.9	12	0.7	6	0.9	0	0.0	566	6.5
滑县	27 666	16.5	65	0.9	1	0.1	3	0.9	3	2.1	72	3.9
永城市	47 012	41.5	139	1.7	61	3.7	39	5.6	3	1.9	242	12.9
延津县	41 859	43.3	18	0.4	0	0.0	2	0.3	0	0.0	20	0.6
浚县	12 007	13	11	0.3	6	0.5	10	2.0	1	3.7	28	6.4
内黄县	9 962	10.1	26	0.4	1	0.1	8	1.3	0	0.0	35	1.8
濮阳县	11 207	10.6	107	1.5	2	0.1	0	0.0	0	0.0	109	1.6
合计	211 524	200.7	1 015	10.8	88	5.5	72	11.8	7	7.6	1 182	35.8

三是未能实现专收、专储、专用。在小麦收购过程中，往往是优质小麦和普通小麦混收，即使是优质小麦专收也做不到单品种收获而往往是多品种混杂，造成企业加工困难，品质一致性难以保证，制约了优质小麦的产业化发展。2016年，河南省委、省政府提出"四优四化"并落实"河南省'四优四化'科技支撑行动计划"，其中"四化"即统筹"推进布局区域化、经营规模化、生产标准化、发展产业化"，推进优质小麦专种、专收、专储、专用。

三、产业链条不完整，专种、专收、专储、专用格局尚未形成

小麦产业链包括品种选育、繁种、推广、生产、收购、储存、面粉加工、食品加工、销售等多个环节。近些年，河南省小麦产业化稳定发展，综合生产能力不断提高、品种品质结构不断优化、加工转化能力明显增强，但还存在产业链条不完善、链条不长、衔接不牢等问题，如优质小麦品质不稳定、产品结构不合理，龙头企业规模小、带动力不强，产业体系不健全、产销脱节、产业链各环节衔接不够等。

长期以来，我国建立起一套小麦"产供销"体系，农户种植小麦，被中介收购，然后被储备体系或者加工企业收购。这种体系适合于一般粮食的需求，对优质专用小麦等不适合。目前我国尚未建立起优质专用小麦的收储体系，在收购和加工乃至最后到消费者手里都需要整个产业链保持畅通，各产业链之间要形成合理的利益分配。要从供给侧结构性改革入手，以市场需求为导向，着力构建现代粮食产业体系，延长产业链、提升价值链，促进一二三产业融合发展，把粮食生产与加工流通、食品安全等结合起来，甚至与生态保育、文化传承、休闲旅游等结合起来。

四、优质小麦的管理良种良法不配套，品质不稳定

农民为了高产，在生产实践中特别注意选择优良品种。优良品种的选择也确实在生产中占主导地位。但是，同一个优良品种，种植方法和管理措施不同，实际产量也不相同，这就存在着良法问题。良种只有与相应的良法相配套，才能真正发挥出良种的潜力。在选用优良品种基础上，因种施管，看苗促控，应用科学的栽培技术，使良种的优点得到充分发挥，缺点得到克服或弥补，把不利因素的影响降到最低，可最大限度地发挥良种的增产作用。

在实际生产中，部分地区采用常规技术措施管理优质专用小麦生产，措施不配套，针对性差。没有按照优质专用小麦品种的特点和优质专用小麦品质的水肥需求规律进行合理的调控，往往出现播种过早、群体过大、灌水不当、氮肥施用不科学等问题，所生产的小麦达不到优质专用小麦的品质标准，企业不回收，优质品种不优价，给农民造成了损失。

五、优质不优价且价格波动大，存在一定的市场风险

小麦进口量增长将会冲击小麦的市场价格，尤其是强筋小麦的价格。2015～2019年，小麦期货的最高价格为3 237元/吨，最低为2 500元/吨，每吨价格差达737元，上下波动近30%；2018年7月至2019年，最低价为2 545元/吨，最高价为3 237元/吨，每吨价格差692元，价格波动27.2%；尤其是2019年4月至5月，期货价格从最高的3 237元/吨跌至2 555元/吨，月际差达682元/吨，价格波动26.7%

根据调研的种植户介绍，他们对优质专用小麦的价格预期比普通小麦市场价高10%。在国家"托市"和"最低价收购"的现实条件下，如果进口量和生产量过大，高10%的价格预期就难以实现，优质专用小麦的生产还存在10%的价格风险。

同时，粮食收储需要的资金量大，且资金周转慢，资金使用成本高，目前企业自身资金紧张，贷款融资比较困难，严重影响收储能力，甚至导致企业收购合同不能按时兑现。

第二节　河南优质专用小麦生产的发展分析

河南省常年小麦播种面积8 500万亩左右，产量超过全国的1/4，但优质专用小麦比例明显过低，满足不了市场需求。2016年河南省政府办公厅印发了《河南省高效种养业转型升级行动方案（2017～2020年）》指出，开始多方发力，推进种养业向高端化、绿色化、智能化、融合化方向发展。计划到2025年，全省优质专用小麦面积达2 000万亩左右，其中重点打造豫北、豫中东强筋小麦，豫中南和南阳盆地中强筋小麦和豫南沿淮弱筋小麦生产基地，截至2020年收获，河南省优质小麦面积已经达1 350万亩，占比15.8%，订单率超过90%。

一、河南发展优质专用小麦的条件优势

河南省的生态、土壤和气候条件，不仅适合一般小麦种植，也非常适合优质专用小麦生产。从河南省的自然生态条件、生产条件、加工转化能力和市场需求分析来看，河南省具有发展优质专用小麦的很多有利条件和优势：

（一）生态生产条件优越，是优质专用小麦的最佳适宜种植区域之一

河南省地处我国地势第二阶梯向第三阶梯的过渡带，属于北亚热带向暖温带、湿润至半湿润过渡

的大陆性季风气候，光、温、水、土等条件均非常适宜小麦生产。2018年全省小麦种植面积8 609.8万亩，占全省耕地面积的2/3以上；平均亩产418.5千克、总产360.3亿千克，总产占全国的27.4%。

依据强筋小麦和弱筋小麦生产所需的自然生态条件，河南省的北部、中东部和南部沿淮地区分别适合优质强筋和优质弱筋小麦的生产。其中豫北地区适合强筋小麦生产，包括安阳市、鹤壁市、新乡市、焦作市、濮阳市、济源市，该区域耕地面积2 600万亩左右，常年小麦种植面积1 700万亩左右；豫中东地区较适宜强筋小麦生产，包括开封市、商丘市、郑州市、许昌市、洛阳市、兰考县、永城市、鹿邑县等地及平顶山市、漯河市、周口市的沙河以北地区，该区域耕地面积4 800万亩左右，常年小麦种植面积2 800万亩左右；豫南地区适宜弱筋小麦生产，包括信阳市、固始县和南阳市桐柏县、驻马店市正阳县南部，该区域耕地面积1 700万亩左右，常年小麦种植面积600万亩左右。

（二）小麦育种水平高，培育引进了一批优质专用小麦品种

自20世纪90年代以来，河南省先后培育、引进了优质专用小麦品种71个，其中强筋小麦品种65个、弱筋小麦品种7个，通过国家审定小麦品种30个、通过河南省审定小麦品种38个、引进外省品种15个（表2-2）。2019年，在3个优质专用小麦适宜种植区域中，种植面积在50万亩以上的主导强筋和弱筋品种有12个，分别是郑麦379、新麦26、西农979、郑麦583、丰德存5号、西农511、郑麦101、郑麦7698、周麦36、郑麦369、郑麦366和扬麦15，主导品种特征突出，占河南省优质专用小麦种植面积的90%以上。

表2-2　国家和河南省审定（引种）的强筋、弱筋小麦品种

类别	数量	品种名称
国家审定强筋品种	29	豫麦34、豫麦66、郑麦9023、豫麦70、郑农16、郑麦005、郑麦366、新麦19、漯麦8号、周麦21号、新麦26、丰德存麦1号、丰德存麦5号、阳光818、博农6号、郑品麦8号、郑麦101、存麦8号、周麦30号、周麦32、锦绣21、郑麦369、周麦36、西农20、万丰269、华伟305、中麦578、泛育麦17、安科1405
国家审定弱筋品种	1	郑麦004
河南省审定强筋品种	35	豫麦14、豫麦23、豫麦28、豫麦34、豫麦35、豫麦47、豫麦65、豫麦66、豫麦68、豫麦70、郑麦9023、郑麦98、郑农16、郑麦005、豫麦70-36、郑麦366、新麦19、济麦4号、周麦24、郑麦583、郑麦7698、丰德存麦1号、怀川916、郑麦379、周麦32、郑麦3596、新麦28、郑麦119、闽麦257、藁优5218、中麦578、郑麦158、丰德存麦21、藁优5766、富麦916
河南省审定弱筋品种	3	豫麦50、郑麦004、郑丰5号
引种强筋品种	11	藁麦9415、烟农19、师栾02-1、小偃81、西农889、济麦20、洲元9369、舜麦1718、西农3517、武农986、藁优2018
引种弱筋品种	4	扬麦15、扬麦20、扬辐麦2号、苏麦188

（三）产业链条完整，小麦就地加工转化能力强

2016年河南省规模以上以小麦为原料的面粉、面制品等加工企业达2 000多家，资产总额3 000多亿元，产品销售收入达4 000多亿元，占规模以上工业的近6%。全省生产了全国1/3的方便面、7/10的水饺和1/4的馒头。中粮集团、五得利、益海嘉里三大粮食加工集团，在河南省均有布局。2016年全省规模以上使用优质专用小麦的加工企业近200家，年加工优质专用小麦500万吨，逐步形成了产销加的链条格局。

（四）优质专用小麦原粮需求旺盛，企业积极性高，市场潜力大

1. **优质专用小麦供给存在缺口**　据有关统计数据，我国优质强筋小麦和优质弱筋小麦年消费量在1 000万吨左右，而国内强筋小麦总产量600万吨左右，弱筋小麦总产量150万吨左右，加上种植分散、达到加工企业纯度要求的商品粮数量更少，因此，总体来看我国国内优质小麦产量满足不了企业加工和市场需求。

2. **小麦进口数量较高**　据我国海关、国家统计局统计，2014年以来我国小麦进口数量一直较高、其中多数是优质小麦（图2-1），平均每年要进口300万吨的小麦。

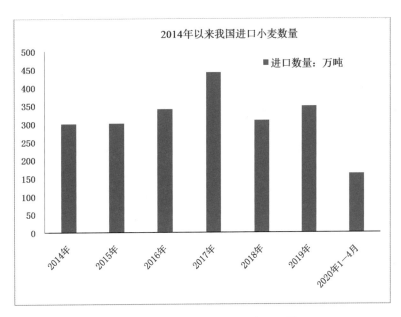

图2-1　2014年以来全国小麦进口量

3. **优质专用小麦需求量日益增大**　随着我国居民生活水平和质量的提高，外出就餐和购买成品的比重增加，对面制食品尤其是方便食品的需求量日益增大，呈现明显增长的态势。随着增白剂和增筋剂的禁用，强筋和弱筋小麦粉也由过去主要作为面包和饼干的原料，逐渐向生产拉面、烩面、饺子、面条、馒头等大众食品的配粉转变，从而导致优质小麦专用粉需求的大幅度增加。面粉加工企业积极

适应这一市场变化，纷纷扩大了专用粉的生产能力，细化了专用粉的产品种类。据豫粮集团介绍，该集团在濮阳投资 1.4 亿元，建成了日加工能力 600 吨的生产线，专门生产小麦专用粉。中粮集团、五得利、益海嘉里也相继扩大了专用粉的生产能力。

（五）小麦科技创新能力强，生产水平全国领先

一是小麦育种水平位居全国前列。全省小麦育种单位有 150 多家，其中省级农业科学院 1 家、市级农业科学院（所）18 家，市（县）级农科所 27 家、教学单位 4 家，种子企业、民营企业和个人 100 多家。1981 ~ 2019 年，全省共认定审定小麦品种 474 个，其中通过国家审定品种 146 个。2018 ~ 2019 年，全省共认定审定小麦品种 116 个，其中通过国家审定品种 47 个。郑麦系列、周麦系列、百农系列品种在全国大面积推广种植，豫麦 13、郑麦 9023、矮抗 58 获得国家科技进步一等奖，郑麦 366、郑麦 7698 获得国家科技进步二等奖。

二是优质高产高效栽培技术全国领先，农业技术推广网络健全。全省小麦品质形成机制与优质专用小麦品种配套的优质高产高效生态安全栽培技术不断创新和完善，形成了区域性良种良法配套生产技术，"一控两减"等绿色生产技术也不断得到推广应用。在省、市、县三级农业技术推广站的基础上，建成覆盖全省的农业技术推广区域站和乡镇站 1 030 个，实现了基层农业技术推广机构服务延伸、范围扩大、功能拓展，保证了农业技术推广的效果。农业技术部门和科研院所、农科大学"三农"相结合的技术推广网络越来越发挥出巨大的优势，推动优质小麦新品种和新技术的普及应用，生产水平不断提升。2014 年以来，全省小麦单产水平连续 6 年超 400 千克 / 亩，单产水平多年位居全国第一。

（六）河南省委、省政府高度重视，产业化发展具有先发优势

河南省经过多年的探索和发展，积累了发展优质专用小麦的经验，尤其是淮滨县的优质弱筋小麦、延津县的优质强筋小麦均已初具规模，并形成了"粮食（面粉）企业 + 种植专业合作社 + 科研"优质小麦生产"广源模式"为代表的产加销一体化模式，为河南省优质专用小麦的名片和品牌，为河南省优质专用小麦发展提供了模板和借鉴，赢得了发展先机。

二、优质专用小麦"四优四化"发展的道路

（一）"四优四化"发展战略的提出

为推进农业供给侧结构性改革，2016 年 9 月 21 日，河南省省长陈润儿在驻马店市召开的全省农业结构调整暨"三秋"生产现场会讲话中提出"四优四化"发展目标，即按照"布局区域化、经营规模化、生产标准化、发展产业化"的要求，推动优质小麦、优质花生、优质草畜、优质林果的发展，作为今后一个时期推进全省农业供给侧结构性改革的工作重点，优质小麦要重点发展优质强筋小麦和优质弱

筋小麦。

2016年10月31日,河南省委书记谢伏瞻在中共河南省委第十次代表大会报告中提出,要突出发展优质小麦,促进粮食绿色高产高效,承担好保障国家粮食安全的政治责任。

2017年为贯彻河南省委、省政府决策部署,探索优质专用小麦发展经验,河南省农业厅筛选了淮滨县、永城市等8个市(县),按照"布局区域化、经营规模化、生产标准化、发展产业化"的总体思路和专种、专收、专储、专用的实现路径,开展优质专用小麦发展试点,建立示范基地200万亩,带动全省优质专用小麦面积发展到600万亩,取得了初步成效。2019年,河南省播种优质小麦1 350万亩,2020年实现了麦收95%订单生产收购。

(二)"四优四化"发展战略的内涵

为大力推进农业供给侧结构性改革,加快建设现代农业强省,全省优质小麦、优质花生、优质草畜、优质林果等"四优"产业实现布局区域化、经营规模化、生产标准化、发展产业化。聚焦产业发展的重大技术需求,推广"四优"产业急需的优良品种和高效生产技术。培育精品示范基地,助力"四优"产业布局区域化;建立高效生产示范基地。强化关键生产技术集成应用,助力"四优"产业生产标准化。贯通"产加销"链条,助力"四优"产业经营规模化和发展产业化。引导新型农业经营主体,开展订单生产和"农超(批)对接",推广新品种新技术。

1.**布局区域化** 发展优质专用小麦,必须坚持适应性种植和比较优势的原则,在适宜强筋和弱筋小麦生产的生态区内发展优质专用小麦生产。根据河南省气候土壤条件、区域比较优势,分为豫北强筋小麦适宜生态区、豫中东强筋小麦次适宜生态区和豫南沿淮优质弱筋小麦适宜生态区。

1)豫北强筋小麦适宜生态区 该区位于河南省黄河以北,包括安阳、濮阳、鹤壁、新乡、焦作、济源、滑县、长垣市等地。该区年平均降水量600毫米左右,小麦抽穗后降水量相对较少,光照充足,土壤类型以潮土为主,质地以中壤为主,适宜发展优质强筋小麦(黄河故道沙地除外)。该区小麦常年种植面积1 700万亩左右,到2018年该区优质强筋小麦种植面积发展到500万,占小麦常年种植面积的30%左右。

2)豫中东强筋小麦次适宜生态区 该区位于河南省中东部,黄河以南、沙河以北,包括开封、商丘、郑州、许昌、兰考、永城、鹿邑、偃师、孟津等地及平顶山、漯河、周口三市的沙河以北地区。该区年平均降水量700~900毫米,小麦生育期内光、温、水等气候条件地区间、年际间变化较大,土壤类型以潮土、黄褐土、砂姜黑土为主,质地沙壤至重壤。该区土壤质地偏黏、肥力较高、小麦生育后期降水较少,适宜发展优质强筋小麦。该区小麦常年种植面积2 800万亩左右,到2018年该区优质强筋小麦种植面积达450万亩。

3)豫南沿淮优质弱筋小麦适宜生态区 该区位于河南省南部,包括信阳市、固始县和南阳市桐柏县、驻马店市正阳县。该区年平均降水量1 000~1 100毫米,土壤类型以水稻土和黄棕土为主,小麦生育期特别是灌浆期间降水较多,土壤和空气相对湿度较大、光照较差,该区域沿淮砂壤土适宜发展优质弱筋小麦。该区小麦常年种植面积600万亩左右，到2018年该区优质弱筋小麦种植面积发展到250万亩，占小麦常年种植面积的40%左右。

2. **经营规模化** 发展优质专用小麦，必须克服混种问题，开展单一品种的集中连片种植，提高区域内优质小麦产业和经营主体的规模化程度。实现路径：一是依靠基层政府和组织，动员组织广大农户，整村、整乡、整县开展优质小麦种植；二是支持引导种粮大户、家庭农场、农民合作社、龙头企业等新型农业经营主体，规模化发展优质小麦。打造具有地域特点的优质专用小麦生产大县，努力培育种植面积超千亩、从事优质小麦生产的新型经营主体。

3. **生产标准化** 发展优质专用小麦，必须在生产、收储、加工等环节实现全程标准化。在生产上，要按照优质专用小麦生产技术规程（DB41/T 1082—2015、DB41/T 1084—2015），规范生产管理；在收储上，要按照优质强筋麦、优质弱筋麦国家标准（GB/T 17892—1999、GB/T 17983—1999）进行收储；在加工上，要按照强筋小麦粉和弱筋小麦粉国际标准（GB/T 8607—1988、GB/T 8608—1988）进行加工。要充分发挥各级优质专用小麦技术指导组和基层农业技术推广机构的作用，加强生产过程的培训、指导和服务，指导农民和新型农业经营主体按标准进行生产，按品种单独收获；鼓励引导生产性服务组织；在开展单项、多项、全程式生产服务过程中；按照标准进行统一服务。粮食收储企业要按品种、按标准单独收储。

4. **发展产业化** 发展优质小麦必须"产加销"一体化。立足本省、面向全国筛选从事优质小麦购销、加工的企业，参与优质小麦的"产加销"一体化工作。要搭建产销对接平台，定期召开产销对接会，推进粮食收储企业、加工企业与产地的产销衔接。要引导粮食收储企业、加工企业，通过自建、联建原料生产基地，开展订单种植、合同收购。优质小麦大县要引进国内外知名加工企业投资建厂，增强优质专用小麦就地加工转化能力。加大优质专用小麦宣传推介力度，提高河南省优质专用小麦知名度和影响力。中央和地方各类粮食收储企业要根据加工企业的需要，提供优质专用小麦的收储、代收代储和仓储服务。

（三）"四优四化"科技支撑行动计划的实施

河南省农业科学院按照省委、省政府推进农业供给侧结构性改革和"四优四化"发展的要求，2017年开始，组织全省农业科研系统53家单位的1 000余名农业科技人员开展协同"作战"，深入全省72个县（市、区）开展科技成果示范推广和科技服务。聚焦河南省"四优"产业发展的重大技术需求，调动全省农业科研系统广大科技人员支撑"四优四化"发展的积极性，建立科技与产业深度融合、技术成果高效转移转化的工作机制，在服务"四优"产业强素质、提品质、增后劲上下功夫，以更加有力的举措、更加富有成效的工作，推进一大批"四优"产业技术成果落地生根、开花结果。

按照比较优势和适应性种植的原则，将豫北、豫中东划定为强筋小麦适宜生态区，将豫南沿淮划定为弱筋小麦适宜生态区。在各区域，发动新型农业经营主体，整村整乡开展单品种集中连片种植，形成千亩以上单品种片区。在优质小麦生产区域，组织育种、栽培专家，分品种制定优质专用小麦生产技术规程，进行标准化生产，真正实现农业绿色发展。

优质小麦专项经过 3 年的实施，建立了省、市、县三级联动多学科大协作的农业科研系统科技示范推广实施体，由河南省农业科学院小麦研究所牵头，河南省农业科学院植物保护研究所、植物营养与资源环境研究所等多家院直属单位，几十家市（县）农业科学院（所、站）等河南省农业科研系统优质小麦优势创新单位组成优质小麦专项实施队伍，成立了由多名育种、栽培、植物营养、植保、加工、农业信息等多学科科技人员参与的"河南省农业科研系统优质小麦技术协同攻关联合体"。示范应用郑麦 7698、郑麦 369、郑麦 366、新麦 26、周麦 36、郑麦 1860、郑麦 583、郑麦 119、郑麦 103、郑麦 113 等优质小麦新品种，结合不同区域生态气候特点进行了区域优化布局；以绿色高效为目标，集成了"豫北强筋、豫东强筋中强筋、豫中强筋中强筋、豫东南中强筋、豫中南中强筋、豫南弱筋"抗逆绿色增效生产关键技术体系并进行了大面积示范。实施过程中服务 100 多家合作社、种粮大户等新型农业经营主体。

专项实施过程中，与下游的粮食收储加工企业有效衔接，实现了专种、专管、专收、专用的目标。专项实施建立了 4 种模式：

1.**"科研＋企业＋合作社"优质小麦订单生产模式** 该模式以河南省农业科学院小麦研究所在新乡延津和安阳县推广优质小麦订单发展为代表，采用科研单位＋企业＋合作社"三位一体"优质小麦订单生产模式。

该模式改变传统的依赖种子企业或粮食企业的生产方式，以合作社为纽带，通过合作社与粮食和食品企业签订生产订单，合作社再组织农户进行规模化种植。通过本示范工作，带动了 80 家合作社的发展，其中万亩以上规模的有 4 家：安阳市汤阴县天顺农业种植专业合作社、辉县市诚盟农得利种植专业合作社、漯河稞不懒种业公司和河南永丰种业公司。召开了大型"产销"对接会，促进了合作社与粮食、加工企业签订订单，通过订单收购，为合作社创造了显著的经济效益，促进了相关农业企业的发展，也为河南省优质小麦"四化"发展提供了典型和样板。

2.**"政府＋基地＋企业"优质小麦全域化生产模式** 该模式以河南省农业科学院小麦研究所在永城市和濮阳县推广种植优质强筋小麦品种郑麦 7698 为代表，辐射带动商丘市、濮阳市，规模化订单种植面积达到 70 万余亩。该模式由政府引导农户种植优质小麦品种，与粮食收储加工企业积极对接，形成"产加销"一体化的产业链格局。通过相关单位密切合作，探索出了一条"市场导向、政府推动、品种支撑"的小麦生产供给侧结构性改革新模式。如在永城，河南农业科学院以"四优四化"科技支撑行动计划优质小麦专项为抓手，结合永城市农业发展"3030 工程"（即 2018 年发展 30 万亩优质强筋小麦和 30 万亩富硒小麦），开展郑麦 7698 大面积订单生产。商丘双龙面业、永城华星粉业集团、河南金龙面业、华冠面业、鑫麦园面业等企业与永城市人民政府、河南农业科学院小麦研究所签订了郑麦 7698 产业化合作协议，在永城市建立郑麦 7698 优质商品粮规模化生产基地 15 万亩，联合开展郑麦 7698 专用面包、馒头、饺子粉等产品的开发。永城市政府成立优质小麦生产领导小组，河南农业科学院和永城市农业局成立专门的技术指导小组，企业负责收储加工，最终实现优质小麦的专种、专收、专储、专用和"产加销"一体化经营。

　　3. "种粮一体化"优质小麦订单生产模式　该模式以新乡市农业科学院新麦系列品种的产业化发展为代表，由种子企业通过合作社组织农民订单生产优质小麦种子和商品粮兼用。该模式以科研单位为技术依托，由其负责提供品种和技术支撑，以种粮大户、专业合作社和种子企业为载体，如由九圣禾新科种业、驻马店吨源种业、安徽同丰种业、河南国育种业等种子企业负责或组织农户建立优质小麦商品粮生产基地，又如由新乡五丰农业专业合作社、辉县市新兴种植专业合作社等在辉县市建立优质小麦种植联合体，出现"科研单位＋专业合作社＋农户带动""科研单位＋种粮大户直接生产""科研单位＋种子企业种粮一体化"三种典型模式，进一步构建完成了"科研单位＋种子企业＋种粮大户或专业合作社＋粮食收储加工企业"的优质小麦意向性订单生产模式。生产的优质小麦由企业按等级直接作为种子或商品粮收购，由合作社统购统销到面粉加工企业，由于有企业和合作社在中间的信用支撑作用，充分保障了优质小麦的收购价格和农民的收益。形成专种、专收、专储、专用和经营规模化、"产加销"一体化的产业格局，实现了新麦26、新麦28优质小麦产前、产中、产后的有效衔接，实现了规模化经营和产业化发展。

　　4. "企业＋合作社＋农户"优质小麦订单生产模式　该模式以信阳金豫南粮油、息县粮食储备库和周口沈丘县雪荣面粉厂为代表，由企业通过种植专业合作社或村民小组直接安排订单生产。譬如在信阳，淮滨金豫南粮油、息县粮食储备库分别在信阳息县、淮滨通过合作社和村组，建立了优质弱筋小麦品种郑麦103、郑麦113的10万亩生产基地，生产的优质原粮由企业直接收购，远销到广东等地，其中郑麦113优质原粮全部供应茅台酒厂。在周口沈丘县雪荣面粉厂通过自己旗下的沈丘县雪荣农业科技服务专业合作社组织种植大户和农户规模化种植优质强筋小麦品种周麦36，直接与种植大户和农户签订收购订单，所收购的优质原粮由自己面粉厂加工使用，依次拓宽企业的产品类型，提高产品的档次和效益，同时降低了生产成本，达到了节本增效的目标。这种由企业直接主导的订单式生产，省去了中间环节，订单收购更能得到保证，也为企业节省了成本，利于推动优质小麦的规模化种植和产业化发展。

三、优质专用小麦"三链同构"的发展战略

　　习近平总书记在2019年全国两会期间参加河南代表团审议时强调："抓住粮食这个核心竞争力，延伸粮食产业链、提升价值链、打造供应链，不断提高农业质量效益和竞争力，实现粮食安全和现代高效农业相统一。"

　　2019年11月28～29日，中国共产党河南省第十届委员会第十次全体（扩大）会议提出，要把粮食产业做强，围绕提高粮食这个核心竞争力，坚持藏粮于地、藏粮于技，加强新时期粮食生产核心区建设，深入实施优质粮食工程，启动建设全国重要的口粮生产供应中心、粮食储运购销中心、食品产业制造中心、农业装备制造中心和面向世界的农业科技研发中心、农业期货价格中心，推动粮食产业链、

价值链、供应链"三链同构"。2019年，河南省委全会围绕建设农业强省目标，提出了建设"六大中心"、推动粮食"三链同构"的重要部署。

2020年6月15日河南省人民政府印发《关于坚持"三链同构"加快推进粮食产业高质量发展的意见》，坚持以习近平新时代中国特色社会主义思想为指导，认真贯彻党的十九大和十九届二中、三中、四中全会精神，牢固树立新发展理念，全面落实乡村振兴战略，牢牢扛稳粮食安全重任，以农业供给侧结构性改革为主线，以科技创新和制度创新为动力，坚持产业链、价值链、供应链"三链同构"，坚持绿色化、优质化、特色化、品牌化"四化"方向，坚持优粮优产、优粮优购、优粮优储、优粮优加、优粮优销"五优"联动，全面提升粮食产业质量效益和竞争力，加快实现河南省由粮食资源大省向粮食产业强省转变。

（一）加快延伸产业链

延伸小麦加工链，方向与重点是提升面制主食产业化水平。优化面粉产品结构，提升专用面粉加工能力。强化以优质专用小麦粉为原料，发展高档优质营养面条类、馒头类、烘焙类、速冻类、特色风味类等面制主食，以及小麦淀粉、小麦蛋白质等深加工产品。鼓励小麦加工副产物综合利用。支持小麦加工企业发展优质专用小麦基地、中央厨房、品牌快餐连锁、商超电商销售等上下游产业。

（二）着力提升价值链

1. *提升绿色化水平*　引导原粮生产和收储绿色化发展，加强农田面源污染治理，推广绿色种植和收储新技术，增加绿色有机原粮供给量。

2. *提升优质化水平*　加强优质小麦研发推广，优化优势区域布局和专业化生产格局，打造一批优质小麦生产优势区，推动标准化生产。

3. *提升特色化水平*　支持企业规模化生产，开发生产个性化、功能性特色面制产品，满足消费者的多元化需求，解决产品同质化竞争问题。挖掘粮食文化资源，发展"粮食＋文化＋旅游"产业和工业观光、体验式消费等新业态，建设小麦特色文化小镇或产业园。

4. *提升品牌化水平*　开展品牌宣传和产品推介，擦亮"河南粮食王牌"金字招牌。深入开展"一县一品"品牌行动，创建小麦产品区域公共品牌，提升河南省粮食品牌影响力。

（三）积极打造供应链

1. *打造优质原粮供应体系*　加强优质小麦新品种选育和优质高效配套栽培技术研究推广，鼓励育种、加工、种植等各类经营主体组建产业化联合体，完善利益联结机制，扩大优质小麦种植面积，促进优粮优产，努力打造全国口粮生产供应中心。支持企业通过定向投入、定向收购和订单生产、领办农民粮油合作社等方式，建设标准化、规模化种植基地。

2. *打造现代仓储物流体系*　推动仓储设施现代化、发展集聚化和布局合理化，实施"绿色储粮"工程，促进优粮优储。建设面粉散装运输体系，规划建设一批冷链仓储中心、物流中心、配送中心，完善冷链物流体系。

3. **打造粮油市场供应体系** 建设布局合理的粮油交易市场网络，支持郑州商品交易所、河南省粮食交易物流市场、郑州粮食批发市场等粮油期货和现货市场发展，打造电子商务龙头企业和品牌，促进优粮优购、优粮优销。

4. **打造质量安全保障体系** 建立从田间到餐桌的粮食质量安全追溯体系，提升粮油企业和粮食质检机构检验检测能力，强化粮食种植、收购、仓储、加工、物流、销售等环节监管。

第三节 优质专用小麦生产技术需求和发展方向

优质专用小麦生产，作为保障国家粮食安全尤其是口粮安全和提高人民生活质量的重要保障，对实现全面建设小康社会、推进社会主义现代化建设具有十分重要的现实意义。品种利用布局的不甚合理、生产规模偏小且分散、专用技术的不配套不标准、区域间年际产量和品质不稳定、产量和品质协同度不高，以及气候变化的不确定性导致气象灾害加剧，这些因素成为制约优质专用小麦快速发展的技术瓶颈。因此，积极应对气候变化，以优质专用新品种推广为主线，以优质高效绿色标准化生产技术为支撑，解决规模化生产条件下绿色保优技术障碍为目标，是优质专用小麦技术的发展方向和必然趋势。减轻异常气温、干旱等对小麦生长的影响技术，满足生产需求，增加农民收入，对于保障小麦稳产增收意义重大。

一、优质专用小麦生产技术需求

（一）培育优质高产高效广适的优质专用小麦新品种

小麦产量和品质的提高很大程度上受益于品种的遗传改良，因此，充分挖掘小麦高产性状和优质性状的遗传潜力，打破高产不优质和优质不高产的传统壁垒，实现高产与优质性状的高度契合，是区域化布局、规模化发展优质专用小麦生产的前提和基础，对保证区域间年际产量和品质双稳定、实现粮食丰收和农民增效至关重要。

（二）构建生态高效的耕作制度

长期以来耕地掠夺式开发和化石能源的过量投入，造成耕层结构不良、肥力下降，严重影响了持续生产能力。河南小麦种植生态带南北跨度大、东西地形复杂，自然资源差异大，应因地制宜选择品种、与秋季作物合理轮作、有计划地深耕深松打破犁底层，蓄水保墒、覆盖保墒、合理灌溉，减施化肥、增施有机肥培肥地力等，达到用养结合、生态高效、生产力持续稳定提升的种植制度与养地制度，构建生态高效耕作制度，确保耕地的可持续生产能力。

（三）丰产提质增效绿色精简化栽培技术

适应生态气候和品种特性的高产高效栽培技术、节水高效栽培技术、优质高效栽培技术，是优质小麦生产的根本需求。结合品种利用，以高产为基础、优质作保证，实现光温自然资源高效、水分高效、养分高效和化肥农药减量高效，达到产量和品质稳定协同提高、资源利用效率和生产效率同步提升、粮食丰收和效益增加的生产目标，是优质专用小麦生产的必然技术要求。

（四）节能减排生态环保栽培技术

化肥、农药的大量施用所引起的肥料利用率低、土壤板结、环境污染等问题逐渐被广泛关注，在保持粮食高产前提下减少化肥投入、强化农药施用技术，提高农药的防治效果、提高肥料利用率、减少资源浪费、维护生态环境、实现节能减排是我们必须要面对的问题。我们仍需在农田肥料、农药中采取更精准的施用技术，在大尺度范围内提高小麦生产力，同时降低农业生产对气候变化的影响。

（五）适应气候变化抗逆减灾保优技术

伴随着全球气候变暖，极端天气气候现象出现的频次在增加，强度也在加大，出现了频发、叠发现象。河南优质小麦生产面临干旱、低温及高温等非生物胁迫的多重危害，造成优质小麦产量和品质的年际差异很大，对产业链末端粮食收储企业的收储和加工企业的加工产生障碍。因此，抗逆减灾减损保优技术在优质小麦生产过程中成为关键技术之一。

（六）病虫草害绿色高效防控技术

病虫草害的严重发生不仅会导致小麦减产，而且严重影响优质小麦的品质，因此，以小麦优质、高效、生态和安全生产为目标，以重发病虫草害为对象，贯彻"减量控害、农药零增长"的工作方针，强化精准高效用药，采取病虫草害监控、精准用药、时效防控的绿色防控技术，从种子包衣、返青前杂草防治、中后期管理等关键环节入手，重点开展返青前优势杂草调查与高效用药防治，中后期纹枯病、赤霉病、锈病等综合防治措施，实现施药与防治协同增效的绿色防控技术体系，是确保优质小麦品质不因病虫草害危害受到影响的必要措施。

二、河南省优质专用小麦发展策略

根据河南省生态气候特点和生产条件，优质专用小麦的发展应主要集中在两头，即优质强筋小麦和优质弱筋小麦。在生产过程中，以丰产为前提，突出品质要求，做到优质与高产协调发展。在品质改良上要以优质强筋小麦和优质弱筋小麦为重点，并重视优质中筋小麦生产的发展，同时要加强新品种选育和保优节本栽培技术研究与推广。在品种布局上要科学布局生产基地，充分发挥区域优势，建立集中产区，最好大面积连片种植，形成规模优势，易于管理，便于操作，利于同加工企业搞好订单种植，实现优质专用小麦区域化种植、标准化生产、产业化经营的现代化格局，做到丰产丰收、优质优价。

（一）发展目标

以习近平新时代中国特色社会主义思想为指导，贯彻落实习近平总书记关于"三农"工作的重要论述和视察河南重要讲话精神，按照《河南省人民政府关于坚持"三链同构"加快推进粮食产业高质量发展的意见》和《河南省人民政府关于加快推进农业高质量发展建设现代农业强省的意见》要求，以农业供给侧结构性改革为主线，以优质小麦布局区域化、经营规模化、生产标准化、发展产业化、方式绿色化、产品品牌化为目标，建立优质小麦规模化标准化生产科技示范基地，示范推广标准化绿色高效生产技术。实现优粮优产、优粮优购、优粮优储、优粮优加、优粮优销"五优"联动，推进"生产＋加工＋科技＋品牌"一体化。以产业链、价值链、供应链"三链同构"为模式构架，注重绿色化、优质化、特色化、品牌化"四化"方向，有效衔接粮食收储、加工企业，实现专种、专收、专储、专用，推进农业由增产导向向提质导向转变，做优高效种养业和绿色食品业。

（二）技术路线

结合河南省区域土壤生态气候实际，完善优质小麦生产的区域化优化布局；紧抓"规模化"生产，引导种粮大户、家庭农场、农民合作社、龙头企业等新型农业经营主体，建立优质小麦规模化生产基地；强调"标准化"体系，结合现有优质专用小麦品种，组装配套优质高产高效耕、种、管、收"优质、高效、生态、安全"的绿色生产技术，实现优质专用小麦的标准化生产；构造"产加销"融合，有效衔接产业链条末端的粮食收储、加工企业，开展订单与合同生产，打造产业链、供应链、价值链"三链同构"；通过生产过程的化肥有机替代绿色培肥技术和生物农药替代化学农药的减量高效利用以及栽培调控技术，确保生产方式的绿色化；通过优质原粮的供应，助力企业产品的绿色高端化，促进优质专用的产品品牌化和信誉提升。通过专项实施，提高优质小麦生产的科技水平，推进粮食科技进步，提供可复制示范样板和推广模式，加速成果转化应用，提高粮食产业质量和效益。

1. 培育和引进满足加工企业要求的新品种，集成配套的标准化生产技术

1）要加强科技创新，增强优质专用小麦发展的动力 要充分发挥河南省小麦科研的人才优势，针对目前优质专用小麦生产中品种和技术问题，围绕企业加工和群众生产的需要，培育、引进一批优质、多抗、丰产性能好的品种。

2）强化栽培技术创新 要以优质、专用、生态、绿色为方向，研发与品种配套的优质高效栽培技术、水肥高效绿色生产技术、抗逆减灾栽培技术和病虫害绿色防控技术等优质专用小麦的标准化生产技术体系。目前河南省小麦生产中最低产量、平均产量、区域试验产量、高产纪录差异很大，要通过栽培技术调控，在保证品质的前提下缩小优质专用小麦与普通高产小麦的产量差距，实现高产与优质同步提高。

2. 加强农机农艺融合，提高机械化信息化水平和生产效率 加强农机与农艺协作，统筹小麦种植规划、整地、播种、施肥、灌水、收获等各环节，有针对性地推广一批适合机械化作业的种植模式、栽培技术和农业机械；深入研究农机与小麦生育期间水、肥、种、药等因素协调作用机制，不断完善农业机械，提高农机广适性；根据小麦种植农艺要求，引进、试验、筛选可以同时完成小麦整地、病虫害防治、喷滴灌等机具、设施的选型配套，制定机械化作业环节的技术规范；注重培养高素质的农机与农艺复合型人才，增强农机培训与农艺培训的融合。另外，加大对耗能高、污染重、安全性能低的农业机械的淘汰力度，加快节能、环保、安全的农业机械的推广应用。

3. 发展信息化精准栽培，提高种植效率、降低灾害损失 建立完善的监测采集系统，多渠道多点定期采集河南省农业资源实时数据，加强对耕地质量、土壤墒情、水文、降水量、病虫害等农情监测，形成覆盖河南省农业资源环境的信息系统，建设气象实时数据和历史资料数据库，为农业生产提供气象服务。全面实时获取农业信息，实现农业信息资源共享，实施农业智能化决策管理，提高河南省小麦管理与服务水平。提高减灾预警和预警水平，在隐性灾害防控技术研发、预警预报平台建设基础上，做到"灾前预防、灾中防控、灾后补救"，最大限度减轻各类灾害对小麦产量、品质造成的影响。

（三）保障措施

1. 加快优质专用小麦生产基地建设，推进规模化标准化生产 加快优质专用小麦生产基地建设，生产出符合加工企业对品质、纯度和数量要求的优质专用小麦。一是要选好品种，品种的品质指标要达到加工企业对加工品质的要求；二是要选好种植区域，种植区域要满足优质专用小麦生产的生态条件；三是要推行单品种成方连片种植，推行标准化生产，避免混杂，保证品质的一致性；四是要推进规模化种植，要保证生产产地具有一定的生产单元数量和规模，提高产业的集中度。

针对目前产地规模小、产业集中度低、生产主体的规模化程度低等现实情况，按照布局区域化的要求，以家庭农场、种植专业合作社、农业企业等规模化经营主体为载体，以统一供种为抓手，推行单品种成方连片种植和标准化生产，打造一批产业规模大、生产标准化程度高的优质专用小麦生产基地。

2. 落实实现优质专用小麦优质优价，提高农民收入 实现优质优价、确保种植户收入增加，是发展优质专用小麦的关键。在现行"国家托市"和"最低保护价"收购的情况下，优质专用小麦要实现优质优价，必须走市场化收购的路子。

一是要坚持加工带动，充分发挥加工企业的龙头牵引作用，鼓励引导加工企业提高专用粉、优质粉的生产能力，研发更多的新产品，扩大优质专用小麦的市场需求量；二是要鼓励订单生产，鼓励粮食加工商、经销商与产地和广大种植户签订产销合同，稳定产销关系；三是要发挥粮食经销商的牵线搭桥作用，鼓励引导粮食经销商多经营优质专用小麦。

3. 加强品牌创建和宣传，提高产品附加值 要加强品牌创建，提高产品附加值，着力扩大河南省优质专用小麦的影响力。品牌对于扩大河南省优质专用小麦的影响，发挥产业优势具有重要作用。一要加强优质专用小麦、专用面粉和面食制品标准体系建设，打造河南优质专用小麦产业的标准高地；二要鼓励产地加强品牌建设，着力培育像"延津小麦""淮滨小麦"那样在全国叫得响、影响力大的区域品牌；三要鼓励和引导企业挖掘一批"老字号"品牌，开发一批成长性好、竞争力强、拥有自主知识产权的新品牌；打造一批产品叫得响、质量信得过、消费者认可的国内知名企业品牌；四要加强品牌宣传，着力扩大河南省优质专用小麦的知名度和影响力。

4. 发挥政府的引导作用和市场主体的主导作用，稳粮增收 发展优质专用小麦，推动河南省小麦产业转型升级，既要发挥政府的引导作用，又要调动市场主体参与优质专用小麦发展的积极性，发挥市场主体的主导作用。政府的引导作用主要是规划引导、试点示范和政策支持；市场主体的主导作用重点是要发挥规模化种粮主体在优质小麦生产中的示范作用，发挥加工企业在优质专用小麦产业发展中的龙头牵引作用，发挥购销企业在优质专用小麦产业发展中的纽带作用，发挥金融部门在优质专用小麦产业发展中的保障作用和保险部门的兜底作用。

优质小麦生产面临各种风险，尤其是自然灾害和市场风险，会对优质小麦产量和品质的稳定以及农民的收益造成较大的影响。建立和完善以农业保险为主的风险分散机制，是有效规避农业生产风险、为广大种植户的收入提供安全保障之一。

第三章 优质专用小麦绿色高效栽培关键技术

在以往小麦生产中，为了满足人们的温饱需求，首先考虑的是高产和超高产技术，一切以产量为中心。随着产量水平不断提高，在满足人们吃饱的前提下，对吃"好"有了更高的要求，因此，小麦生产上对产量有一定要求的基础上，提高了对品质的要求，对优质专用小麦和专用面粉进行了细分，栽培技术也由以高产为主转向产量和品质同步提高。同时在我国由传统农业向现代农业转变的过程中，水资源节约和化肥农药减施、病虫草害绿色防控等绿色技术不断得到创新和应用。本章主要介绍了小麦品质形成机制、优质专用小麦播种技术、水肥运筹技术等绿色高效栽培关键技术。

第一节 小麦品质及其形成机制

小麦籽粒中，一般淀粉占 64% ~ 70%，蛋白质占 10% ~ 15%，水分占 13% ~ 15%，因此蛋白质和淀粉是小麦籽粒中主要的营养成分。蛋白质和淀粉对加工面粉的用途起着非常重要的作用，探讨小麦品质形成机制及其调控途径，对促进我国优质小麦生产具有重要的意义。

一、蛋白质品质形成机制

（一）蛋白质品质

小麦面粉中蛋白质分为清蛋白、球蛋白、醇溶蛋白和谷蛋白四种组分。清蛋白和球蛋白中赖氨酸含量丰富、营养价值高。醇溶蛋白和谷蛋白为储藏蛋白，是小麦面筋的主要成分，其营养价值较低，但在加工食品的流变学特性上分别起黏滞作用和弹性作用，这两种蛋白质含量和比例决定小麦加工品质的优劣。

小麦籽粒蛋白质及其组分含量既是营养品质性状，也是加工品质性状，对营养品质和加工品质具有决定性的作用。蛋白质的优劣不仅表现为蛋白质含量的多少，还更大程度地反映在蛋白质各组分所占比重的大小。

蛋白质作为营养品质评价指标，包括其含量的高低、氨基酸组成的平衡程度以及消化率的大小等。小麦蛋白质中具有各种必需氨基酸，是完全蛋白质。但其氨基酸组成不平衡，又称为不平衡蛋白质，其第一限制性必需氨基酸是赖氨酸，其次是苏氨酸、异亮氨酸等。

与加工品质有关的蛋白质品质性状包括蛋白质的数量和质量：蛋白质的数量指标有蛋白质含量、面筋含量等；蛋白质的质量指标有沉淀值、面团形成时间、稳定时间及蛋白质的分子组分及其不同组分的亚基组成等，生产上以此确定其为强筋粉、中筋粉或弱筋粉，进而确定其是适合制作面包，还是饼干糕点、面条、馒头等。

（二）高分子量谷蛋白亚基（HMW-GS）与品质的关系

麦谷蛋白根据其分子量大小分为高分子量谷蛋白亚基（HMW-GS）和低分子量麦谷蛋白亚基（LMW-GS）两类。优质的 HMW-GS 对面粉的烘烤品质具有特别的作用。HMW-GS 组成和麦谷蛋白与醇溶蛋白在总蛋白中的比例是决定面粉品质性状的关键因素。

优质品种包括质量型（含有 5+10 亚基对）和数量型（蛋白质含量高）两类。质量型优质品种主要受遗传控制，具有 5+10 亚基对，受环境影响小。数量型优质品种受环境影响较大；当环境条件有利于蛋白质积累时，其 SDS- 沉降值就高，烘烤品质就好；当环境条件不利于蛋白质积累时，其 SDS- 沉降值就较低，烘烤品质就较差。在我国的小麦品质育种中，要培育品质优良的小麦品种，应在提高小麦籽粒蛋白质含量的基础上，注意选用外国烘烤品质优良或掺有外国优良品种血缘、含 5+10 亚基的品种作杂交亲本，以改良我国当前栽培小麦的 HMW-GS 组成。

（三）小麦籽粒蛋白质含量与籽粒品质的关系

1. 蛋白质含量对馒头品质的影响　影响馒头质量的小麦品质性状的有角质率、容重、蛋白质、湿面筋、支链淀粉含量、支与直链淀粉的比值、沉淀值，面粉物理性状＞籽粒化学组分＞籽粒表型品质性状。高蛋白质含量的面粉或强筋型面粉制作的馒头，表面皱缩且颜色发黑；低蛋白质含量的软质小麦面粉制作的馒头，虽表面光滑，但质地与口感较差。蛋白质含量为 10%~12%，面团强度中等的面粉最适宜制作馒头。

2. 蛋白质含量对面条品质的影响　蛋白质含量与面条色泽、咀嚼韧劲、煮面强度高度相关，面条色泽有随着小麦籽粒蛋白质含量的增加而变暗的趋势。蛋白质含量和面团强度不宜过高或过强，否则会造成面团加工困难、表面粗糙。同时会造成煮面时间过长，而加重面条被侵蚀的程度，使表面结构破裂，硬度降低，面条外观品质变劣。蛋白质含量过低，面团强度过弱的面条，在挂杆干燥、包装和运输过程中容易酥断，面条耐煮性差，易浑汤、断条，且食感较差，韧性和弹性不足。

（四）小麦籽粒蛋白质品质的形成规律

1. 籽粒游离氨基酸含量动态变化　植物利用氮的形式是通过氨被同化为氨基酸，氨基酸库中的成分进一步被代谢，合成蛋白质和叶绿素。小麦籽粒发育过程中游离氨基酸含量变化对蛋白质的形成起重要作用，在小麦籽粒发育过程中，游离氨基酸含量和组分不断变化，不同氨基酸在籽粒发育的不同时期达到一个最高值，小麦籽粒游离氨基酸的总含量在开花后 4～12 天急剧增加，大多数被测氨基酸均增加，尤其是丝氨酸、脯氨酸、谷氨酸、甘氨酸和丙氨酸增加最多，占总游离氨基酸的70%～80%；开花后 12～24 天游离氨基酸总量急剧下降，淀粉快速合成的同时储藏蛋白质也大量合成；24～28 天略有上升、从 32 天以后又迅速下降直至成熟。成熟的小麦籽粒仅含有少量的游离氨基酸。

2. **籽粒蛋白质含量动态变化** 小麦籽粒发育过程中，籽粒中蛋白质含量变化呈"高—低—高"的趋势，呈"V"字形曲线。籽粒氮含量的变化反映了籽粒中蛋白质和碳水化合物的积累动态，在籽粒灌浆初期，光合产物向籽粒的运转缓慢，碳水化合物的积累量很少，籽粒中氮含量相对较高；在灌浆盛期，光合产物运输加快，氮的吸收相对减慢，使此时氮含量相对下降；灌浆后期，干物质积累变慢，而植物营养体内的氮迅速运送到籽粒中，氮含量又升高。

3. **籽粒灌浆过程中蛋白质组分含量的动态变化** 在籽粒灌浆过程中，不同的小麦品种蛋白质各组分的积累规律是基本一致的。灌浆始期清蛋白含量较高，随籽粒发育成熟逐渐下降；球蛋白含量在整个籽粒发育成熟过程中始终最低，随籽粒成熟亦降低，但降低幅度很小。醇溶蛋白与谷蛋白含量皆随籽粒发育成熟明显上升，麦谷蛋白形成得早，但上升速度较醇溶蛋白慢，尤其是成熟后期，醇溶蛋白含量增长更快。至籽粒完全成熟，四种组分含量以谷蛋白较高，醇溶蛋白次之，清蛋白和球蛋白较少。四种蛋白的消长关系，主要因为清蛋白和球蛋白为结构蛋白、醇溶蛋白和谷蛋白为储藏蛋白，在籽粒发育过程中，先形成结构蛋白，后期主要合成储藏蛋白，且随籽粒发育成熟，结构蛋白一部分要转化为储藏蛋白。

4. **影响小麦籽粒蛋白质含量的环境因素** 籽粒蛋白质含量除由品种本身遗传特性决定外，还受环境条件的影响和调节。一般情况下对蛋白质影响较大的环境因素是养分、温度、水分及环境与基因型的互作。小麦蛋白质含量取决于小麦对氮素的吸收、转化、运输和积累。氮是氨基酸、蛋白质的主要构成元素，是营养元素中对小麦品质影响最大的元素。氮肥施用量、施用期、施用方式均影响小麦蛋白质含量，一般认为，随着施氮量的增加，小麦籽粒蛋白质含量也增加。旱地小麦在播种后或旗叶出现以前施氮主要增加籽粒产量而很少或不增加籽粒蛋白质含量。不同形态氮肥对品质的改善也有不同的作用，小麦生长前期喜吸收铵态氮，后期喜吸收硝态氮。与硝态氮肥和铵态氮肥比较，酰胺态氮肥更有利于籽粒蛋白质含量的提高。不同的施氮时间对小麦蛋白质含量也有影响，从小麦蛋白质总量来看，随着施肥时期的后移，蛋白质含量有提高的趋势。蛋白质含量是各品种的品质特性之一，不同形态氮肥对蛋白质积累的调节作用是有一定限度的。

小麦灌浆时期的光照时数与籽粒蛋白质含量表现负相关，籽粒蛋白质含量高的地区，开花至成熟期间的平均日照时数都较少，日照相对不足，影响光合强度和碳水化合物的积累，蛋白质含量得到相对提高。一定温度范围内，较高的温度能促进籽粒蛋白质的合成和积累。一些研究证明在小麦开花至成熟期间，尤其是在成熟前 15～20 天，气温增高有利于蛋白质含量的提高。但环境因素在促进蛋白质数量增加的同时，也有可能会引起蛋白质品质的下降。籽粒灌浆期到成熟期的适宜温度（20～32℃）常常会被短时间出现的高温所中断，当温度超过32℃或昼夜温度为35℃/15℃时，不利于蛋白质含量的提高。

一般情况下，水浇地小麦比旱地小麦籽粒蛋白质含量和蛋白质组分含量低，这主要是水分与营养元素特别是氮素共同对小麦品质作用的结果，而且随着灌溉量的增大和浇水时间的推迟，籽粒蛋白质含量有降低的趋势。肥力较高而且浇水较少的麦田，容易形成高蛋白籽粒，因为高肥力保证了形成蛋白质时所需要的氮源，水分适当亏缺则促进了蛋白质的快速积累。适当控制水分，抑制叶片等营养器官过旺生长，不至于大量消耗土壤氮素造成后期脱肥，也会适当减少碳水化合物的形成，提高籽粒蛋白质的相对含量。在抽穗至乳熟这段时间内，土壤过度湿润会降低蛋白质含量和面筋含量。当然，水分严重亏缺时，氮素的吸收和蛋白质合成也会受影响。另外，灌水减少在一定程度上减少了灌浆物质而降低了籽粒产量，从而提高了蛋白质的相对含量。

（五）栽培措施对氮素吸收利用影响

不同栽培措施对小麦氮素吸收利用有显著的调节效应，但不同技术措施产生的效果又各不相同。

1. **播种期**　随着播种期的推迟，小麦生育期缩短，抽穗结实期同步性差，影响结实期的光合生产能力和物质运转能力，致使籽粒产量下降，但籽粒的蛋白质含量反而增加。

2. **密度**　在适宜播种范围内，随基本苗的增加，氮肥当季利用率和籽粒产量均呈先上升再下降的变化趋势，但籽粒蛋白质和赖氨酸含量逐渐降低，密度超过一定限度后籽粒产量下降、蛋白质含量上升。

3. **氮肥用量**　在一定范围内随着施氮量的增加，小麦籽粒产量、蛋白质含量和蛋白质产量均增加，但施氮量超过一定数量后，籽粒产量和蛋白质产量均下降，二者呈抛物线型关系。

4. **施氮时期**　基肥增施氮肥有利于减少小花退化、延长叶片功能期，显著提高粒数和粒重。随着施氮期的后延，增加籽粒产量的作用减小，而对提高籽粒蛋白质含量的作用越来越大；开花期追施氮肥对产量影响不大，但对提高蛋白质含量的作用最大；追施氮肥期再后延，对蛋白质含量的影响也越来越少。

5. **施氮方法**　表层浅施氮肥的效果不如深施，氮肥深施可以减少氮的挥发和径流损失，有利于促进氮素在土壤中的转化利用，减少氮的损失，提高氮肥利用率。

6. **氮肥类型**　由于不同类型无机氮肥在土壤中转化机制不一样，小麦吸收利用的效率也不相同。施用等量硫酸铵、尿素和碳酸氢铵，当季利用率分别为50%、50%和40%。铵态氮对小麦更适宜，施用铵态氮比硝态氮产量高，蛋白质含量和面筋含量也更高。近年来研究认为，施用两种氮源比单施一种氮源的效果要好。

7. **氮、磷、钾肥配合**　适量施用磷肥能提高冬小麦孕穗后吸氮强度、提高籽粒蛋白质含量，但如果施用过量会导致籽粒产量和蛋白质含量下降。施磷量对小麦籽粒蛋白质含量呈二次抛物线型关系。钾可促进氮的积累、转运和蛋白质合成，改善钾的供应可以提高籽粒蛋白质含量、增加产量，提高氮基酸向籽粒转移的速度和籽粒中氨基酸转化为蛋白质的速率。氮、磷、钾等多种养分配合施用，一般可提高肥效 10% ~ 30%，对小麦产量和品质的调控作用非常明显。

8. 其他措施 轮作与茬口、病虫草害、自然灾害、收获时期等均会对小麦氮肥利用率产生影响。良好的前茬使土壤中残留的有效养分多，小麦对氮肥的利用率也较高。麦田草害抑制了小麦呼吸和分蘖节碳水化合物的转移，会降低氮素吸收。

（六）影响小麦籽粒蛋白质组分积累的因素

蛋白质组分的积累除受遗传因素影响外，还受外界环境条件的影响，特别是在籽粒灌浆期间的影响较大。对蛋白质组分影响较大的环境因素主要是养分、温度、水分及其环境与基因型的互作。氮素与小麦籽粒蛋白质关系较为密切，除影响蛋白质含量，对其组分也有影响。氮肥能明显地提高蛋白质总量、多聚体与单聚体的比例。有研究发现，籽粒中四种蛋白质组分的含量都随施氮量的提高而增加，而清蛋白和球蛋白的比例则随施氮量增加而下降。增施氮肥能显著提高籽粒蛋白质各组分，但提高幅度存在差异：清蛋白、球蛋白和谷蛋白随着施氮量的增加所占比例升高，而醇溶蛋白和剩余蛋白所占比例下降。不同施氮时间对小麦蛋白质组分含量也有影响，从小麦蛋白质总量来看，随着施肥时期的后移，蛋白质含量逐渐提高。清蛋白含量和球蛋白含量逐渐降低，醇溶蛋白含量和麦谷蛋白含量逐渐升高，以拔节期 + 孕穗期施肥最高，剩余蛋白含量的变化不规律。适当推迟施氮时期，可以提高麦谷蛋白含量和剩余蛋白含量，降低清蛋白含量和球蛋白含量，从而提高小麦籽粒的加工品质。

开花后的温度对蛋白组分的动态积累没有明显的影响，而灌浆期的温度和水分影响蛋白质组分的绝对含量，但不影响相对比例。小麦灌浆时期的光照时数与籽粒蛋白质组分变异表现为负相关，其含量的变异幅度由大而小依次为醇溶蛋白 > 麦谷蛋白 > 剩余蛋白 > 球蛋白 > 清蛋白，且不同基因型的品种变异情况不同。土壤肥力不同，蛋白质组分含量也不同，高肥力土壤栽培的小麦籽粒蛋白质各组分含量都显著高于低土壤肥力，但清蛋白和球蛋白占总蛋白质的比例为低肥力土壤高于高肥力土壤，而醇溶蛋白和麦谷蛋白为高肥力土壤高于低肥力土壤。基因型与环境条件的互作对麦谷蛋白和醇溶蛋白有显著影响，对球蛋白影响不大。

一般情况下，水浇地小麦比旱地小麦籽粒蛋白质含量和蛋白质组分含量低，而且随着灌溉量的增大和浇水时间的推迟，籽粒蛋白质含量和赖氨酸含量均有降低的趋势，蛋白质组分含量也随之下降。

二、淀粉品质形成机制

淀粉是小麦籽粒中最重要的成分，其含量占小麦籽粒总重的 64% ~ 70%。大量研究表明，小麦淀粉特性对面条、面包、馒头及其他面制品的加工品质和食用品质具有显著的影响。小麦粉的食用品质除与蛋白质品质相关外，在很大程度上也取决于淀粉含量、淀粉品质及颗粒等性状，同时，小麦淀粉品质对淀粉深加工产品的性能有着直接的影响。

（一）小麦淀粉颗粒

1. 颗粒大小 小麦淀粉以颗粒状态存在于小麦胚乳中，颗粒的大小和形状对淀粉的理化性质和小麦面制品的品质有着重要的影响。小麦淀粉可分为大颗粒淀粉和小颗粒淀粉：大颗粒淀粉直径为 25～35 微米，称为 A 型淀粉，约占小麦淀粉干重的 93.2%；小颗粒直径仅有 2～8 微米，称为 B 型淀粉，约占小麦淀粉干重的 6.8%。两者的理化性质存在着较大差异，A 型淀粉在工业中的应用价值要远大于 B 型淀粉。

2. 颗粒形状 小麦淀粉颗粒形状一般为圆形或扁豆形，完整的淀粉颗粒表面有一层蛋白质薄膜，呈透明状，形状有圆形、卵形和多角形。

（二）小麦淀粉的类型

1. 直链淀粉 直链淀粉主要位于小麦淀粉颗粒内部，占普通小麦淀粉含量的 22%～26%。直链淀粉由于呈线性结构、空间阻碍小，容易在淀粉分子间形成氢键结合，发生凝沉、回生，对于小麦面制品的影响是负面的。直链淀粉和淀粉的溶胀力、溶胀体积、淀粉的糊化特性呈极大负相关。直链淀粉含量增大会使淀粉的溶胀力减小，糊化峰值降低，溶胀体积减小。

2. 支链淀粉 支链淀粉的结构呈树状分枝，主要位于小麦淀粉颗粒的外部，占小麦淀粉总含量的 74%～78%。支链淀粉与小麦淀粉品质呈正相关。支链淀粉含量较高的小麦淀粉的品质和加工性也较好。

（三）籽粒淀粉的积累

小麦籽粒淀粉累积的物质来源主要有两个方面：一是开花后籽粒形成期间，叶片和穗等器官中的即时光合产物；二是茎鞘等营养器官中在开花前和籽粒灌浆起始阶段储存的非结构碳水化合物的再动员。开花前储存 C 对籽粒碳水化合物的贡献为 8%～27%。叶片中的即时光合产物和营养器官中储存的非结构碳水化合物多以蔗糖的形式运往籽粒，并在籽粒的造粉体中合成淀粉。大穗型品种可在灌浆中后期保持较强的同化物生产能力，为籽粒发育提供较好的物质基础，库端转化利用同化物的能力也较强，因此中后期具有较高的淀粉积累和灌浆速率。

淀粉理化特性受基因型和环境的综合影响，遗传因素对淀粉品质性状起决定作用，环境条件影响淀粉粒的分布，栽培措施则起着一定的调控作用。有关研究表明，在面粉膨胀势的变异中，品种因素占 36.1%～93.3%，环境因素（地点和年份）占 1.7%～61.7%，品种、环境（地点或年份）的互作变异不超过 10%。灌浆期无论灌溉与否，花后 14 天超过 30℃ 积温的地点，小麦籽粒 A 型淀粉粒的比例升高，直链淀粉的比例也随积温的升高而增加。开花后在水分胁迫条件下，籽粒中来自开花期储藏物的比例增加，但小麦籽粒生长速率的下降通常会限制籽粒淀粉的沉积。在始穗期或开花期用脱落酸（ABA）处理小麦穗部、根或叶片，能显著增加籽粒的最大胚乳细胞数和粒重，扩大籽粒库容，促进碳水化合物从韧皮组织中的卸出及向籽粒中运输。在籽粒灌浆阶段，随籽粒淀粉积累的加快，籽粒中生长素（IAA）、赤霉素（GA）、ABA 含量均表现与籽粒灌浆和干物质增加有一定的相关性。

（四）小麦淀粉品质对淀粉糊化特性的影响

小麦淀粉的糊化特性是指淀粉不溶于冷水，但是经过加热后淀粉颗粒吸水膨胀，形成黏度很大的淀粉糊，糊化的淀粉不会再恢复天然淀粉的状态，这一现象称为淀粉的糊化特性。淀粉突然膨胀时的温度称为糊化温度，各种淀粉的糊化温度不同，小麦淀粉的糊化温度为 65 ~ 67.5℃。

A 型淀粉颗粒直径越大，淀粉则越难糊化；B 型淀粉颗粒直径越大，淀粉则越易糊化。当支链淀粉含量较高而直链淀粉的含量较低时，小麦淀粉则会表现出良好的糊化性能。

第二节　优质专用小麦整地播种技术

小麦想高产，播种很关键。小麦"七分种、三分管"，提高播种质量，打好播种基础，很大程度上决定了最终的产量。小麦播种期的主要目标就是苗齐、苗壮，目标很简单，却包含很多个技术细节，做好这些细节，也就搭好了丰收的架子。

一、精细整地

（一）整地技术

翻耕、耙地、旋耕以及其他整地措施要根据不同茬口、不同土质、不同墒情和不同农机具而灵活运用，合理搭配才能保证良好的整地质量。

在 9 月下旬或 10 月初玉米成熟后可以把秸秆粉碎还田，并撒施有机肥和化肥，然后进行机械翻耕。为节省燃油和投资，深翻可 3 年 1 次：第一年深翻 1 次，第二、第三年旋耕，第四年再深翻。翻耕深度不能小于 26 厘米。亩产要求达 600 千克以上的高产麦田，一定要深耕 30 厘米以上。深翻后要用钉齿耙细耙数遍，打碎坷垃，耙实耕层。无明暗坷垃，切忌深耕浅耙。对质地黏重的淤土地，也可在翻耕之后进行旋耕，打碎表层坷垃，但必须旋耕后再耙实，要耙深耙透，踏实耕层，保证播种机进地不下陷，种子播种深度 3 ~ 4 厘米。为了保持表土墒情，要耙地和播种相结合，最好在 10 时之前耙地，耙后立即播种，最大限度地利用表层土壤水分，保证小麦正常发芽出苗，扎根快发育好。目前相当一部分麦田，耙地是薄弱环节。往往是深翻后，由于缺乏深耙机具，只旋耕 1 遍，或者不翻耕而只旋耕 1 遍，旋耕后不耙造成表土过虚，而 15 厘米以下坷垃未被打碎，上虚下翘空，小麦播种过深，出苗缓慢；幼苗根不沾土，根系发育很差，麦苗吸水吸肥困难，生长瘦弱，冬季冻害严重。

总结各地经验，麦田耕作整地必须达到"深、细、净、平、实、足"的标准："深"，是指通过深翻或深松，加深耕层，要求耕层深度达 26 ～ 33 厘米；"细"是耕耙精细，不漏耕不漏耙，无坷垃；"净"是前茬秸秆掩埋严实，地表无残茬秸秆；"平"是犁堡翻平扣严，地面平整，利于灌排；"实"是耕层土体上虚（0 ～ 5 厘米）不板结，下层（5 ～ 20 厘米）紧实度适中，使小麦幼苗的根系与土壤颗粒既能紧密接合，又不过分紧实，有利于出苗和扎根；"足"是指土壤含水量较充足，达到足墒下种，实现一播全苗。

（二）底肥施用技术

所谓小麦底肥（基肥）是指在耕耙地之前施入土壤中的有机肥和化肥，这些肥料不仅供给小麦所需的多种营养元素，而且可以培肥土壤，维持和提高土壤肥力。小麦有机肥主要包括农家肥、家畜禽粪以及前茬作物秸秆还田等。化肥包括氮、磷、钾及其他中量元素、微量元素肥料。

小麦合理施用化肥是一个非常复杂的技术问题。由于各地不同气候、不同土壤类型、不同肥力水平、不同产量水平，当季所需要的养分数量有很大差异，同时，目前市场上肥料种类繁多，复混肥的氮、磷、钾含量各不相同，要做到既提高产量又提高化肥利用率确实是相当困难的问题。对于如何确定作物合理施用化肥数量，有关专家都进行过大量研究，常用的方法有：土壤与作物测试法、肥料效应函数法、土壤养分丰缺指标法、养分平衡法等。目前我国推广面积较大的是小麦测土配方施肥法。其基本原理仍是养分平衡，计算公式是：施肥量 =（目标产量需肥量 – 土壤当季供肥量）÷（肥料养分含量 × 养分当季利用率）。

（三）玉米秸秆还田技术

目前，黄淮海平原麦区小麦前茬多为玉米，因此利用玉米秸秆直接掩于土中作小麦底肥是目前正在推广的一项重要技术。玉米秸秆还田代替了过去的农家土杂肥，是一项增加土壤有机质、改善耕层土壤物理化学性状的有效措施。目前在黄淮海小麦 – 玉米一年二熟地区，玉米秸秆直接还田作小麦底肥逐渐形成一种施肥制度，正在大面积推广应用。河南省平原水浇地麦区玉米秸秆还田已占到总面积的 90% 以上。

玉米秸秆还田的秸秆数量与玉米产量相关，据曾木祥等 2002 年调查，华北地区玉米秸秆还田量为 350 ～ 450 千克 / 亩。河南省玉米高产区的秸秆还田量在 500 千克 / 亩以上。按玉米秸秆养分含量［平均含氮（N）0.6%、磷（P_2O_5）1.4%、钾（K_2O）0.9%］计算，约相当于氮素 3 千克（尿素 6.5 千克左右）。

玉米成熟后要及时收获，趁玉米秸秆含水量较高、较脆易断之时，及时粉碎还田。玉米秸秆还田要尽量打碎撒匀，要求打碎秸秆长度不超过 5 厘米；利用机械把秸秆粉碎和耕翻入土联合作业，要注意土壤墒情，干旱年份土壤墒情不足时，要在掩埋前和翻耕后浇水，保证秸秆快速腐烂分解。避免在耕层中形成秸秆篷架，影响小麦出苗和苗期生长。黏土地如果秸秆还田后影响出苗，造成缺苗断垄，要在出苗后再浇 1 次水，促使断垄行的小麦种子继续发芽出苗。

（四）土壤药剂处理技术

土壤药剂处理是防治地下害虫和某些病害的有效方法，土壤药剂处理是在犁地或耙地之前把一定量农药撒于地表，在犁地或耙地时将其耙入土中，直接杀死土壤中的虫卵或病菌。其优点是防治效果好，操作简便；缺点是用药量较大，增加生产成本。目前多数麦田使用种子包衣或药剂拌种，但在地下害虫和某种病害特别严重的地区或地块仍需要用土壤药剂处理。

根据各地试验结果和经验，这里提出几种土壤药剂处理的药物配方，供参考应用。随着市场上农药种类的不断变化，今后在实际应用中还会有新的药物用于土壤处理。

1. **地下虫防治**

1）配方一 3%辛硫磷颗粒剂3~4千克/亩，或0.1%噻虫胺颗粒剂15~20千克/亩，或0.1%二嗪磷颗粒剂40~50千克/亩。

2）配方二 15%毒·辛颗粒剂300~500克/亩；0.1%二嗪磷颗粒剂40~60千克/亩。

以上配方任选一种，拌干细土20~25千克，沟施与耕层土壤充分混合。

2. **全蚀病防治** 在全蚀病严重的地块，用70%甲基硫菌灵可湿性粉剂2~3千克/亩或苯甲·戊唑醇缓释粒1.5~2千克/亩，对细土20千克，沟施均匀耙入土中。

3. **线虫防治** 在线虫病严重地块，土壤药剂处理剂可加入10%灭线磷颗粒剂3千克/亩，与上述药物混合耙入土中。

（五）底墒水技术

遇到9月降水少，整地时缺墒年份，必须浇好底墒水，保证足墒下种，一播全苗。浇底墒水常用的方法主要有三种：

1. **贴茬浇水** 在耕翻之前，贴茬浇水，待能进地时立即进行耕耙。这种办法省水、省工，适合大面积采用。

2. **打畦浇水** 水源较充足的地方，也可以先耕耙打畦，然后浇水，这种办法用水量大，但耕层可储藏较多水分，保证底墒充足。

3. **播后浇水** 有的地方采用播种后浇"蒙头水"，特别适用于黏土麦田，沙土麦田不宜采用。浇"蒙头水"要在播种后3~5天，不要过早；秸秆还田的黏土地，往往因整地质量不好，会造成较多缺苗断垄，这种地块一定要在出苗后及时检查，发现断垄严重，要及时再浇1次水，可以促使断垄地段再出苗，保证苗全。浇底墒水注意水量不能过大，以每亩40~50米^{3}为宜，最好采用喷灌。小麦出苗后要及时中耕松土，破除板结。

依靠田间表层土壤情况判断土壤墒情时还要注意土壤质地的影响，如黏土地达到"黄墒"状况，就会造成种子发芽出苗困难，而沙土和壤土尚可勉强出苗，但最好是浇底墒水，以提高土壤水分含量。

（六）优质专用小麦施肥特点

在一定量（常规用量）磷、钾肥基础上，氮肥施用量和施用方法对强筋和弱筋小麦的产量和品质都有明显影响。综合各地多年试验和生产实践经验，强筋小麦需要氮肥较多，要求地力基础较好，增施氮肥（后期追氮）对籽粒加工品质也有良好的效应，亩产500千克以上强筋麦底施氮量不少于10千克/亩，拔节孕穗两次追氮10千克以上最为合理（底追比5：5或6：4）。同时可适当增施硫黄肥，每亩施3~4千克。

弱筋小麦与强筋小麦的需肥特性恰好相反，要求中等地力基础，施氮量不能过高，一般全季总氮量不宜超过12千克，全作底肥。也可以底氮8千克左右，在返青起身期追氮4千克左右。拔节后不能再追施氮肥。适当增施磷肥则有利于改善弱筋麦改善品质，同时也能够增加产量，一般要求每亩底施磷（P_2O_5）7千克以上。

二、适宜播种期的确定

适期播种是能否培育冬前壮苗的关键。播种过早，苗期气温太高，麦苗容易徒长，冬前群体过大，土壤养分早期消耗过度，易形成先旺后弱的"老弱苗"，春性较强的品种还容易遭受低温冻害；而且很多病害的发生，如纹枯病、全蚀病、胞囊线虫病等也都与播种过早有密切关系。反之，播种过晚，冬前生长积温不够，苗龄太小，分蘖不足，根系不发达，抗逆性差而成为晚弱苗。

以往的农谚"白露早，寒露迟，秋分种麦正当时"，说的是以冬性较强的半冬性品种为主的年代和原来气候背景下播种的最佳时期；而随着全球气候变化，气温普遍升高，半冬性品种再按往常的时间播种，冬前常常出现"旺苗"现象，影响翌年小麦的正常发育。所以，现在小麦播种的最佳节气应当改为"秋分早，霜降迟，寒露种麦正当时"。每年应根据时节的气温适当调整播期。

（一）适宜播期的根据

由于小麦适播期受年际间的气候影响存在一定的差异，因此，具体年份播期的确定，根据多年的播期试验结果取其平均日期比较稳妥，同时结合品种的气候生态适应性及当年天气预报和农情进行综合分析后确定。河南省优质小麦的适宜播期一般在10月上中旬，并注意适当晚播。

播期的确定还要根据品种类型而确定：在同一类型区内，冬性品种抗冻性好，冬前主茎叶可达8片；偏春性品种抗冻能力差，主茎叶不超过6片。播期按此要求适当提前或延后。高肥水地可延后3~5天，低肥水地宜提前3~5天，同样条件管理水平差的宜早几天，管理精细的宜晚几天。山丘地、阴坡宜先种；向阳地气温高宜后种；平原薄地、盐碱涝洼地宜适当早种。

（二）河南省不同麦区的推荐适宜播期

1. **豫北麦区** 半冬性品种适宜播种期为 10 月 5 ~ 15 日，最佳播期为 10 月 10 日前后；弱春性品种为 10 月 13 ~ 20 日，最佳播期为 10 月 16 日前后。

2. **豫中、豫东麦区** 半冬性品种适宜播种期为 10 月 10 ~ 20 日，最佳播期为 10 月 15 日前后；弱春性品种为 10 月 15 ~ 25 日，最佳播期为 10 月 20 日前后。

3. **豫南麦区** 半冬性品种适宜播种期为 10 月 12 ~ 25 日，最佳播期为 10 月 18 日前后；弱春性品种为 10 月 20 日至 10 月底，最佳播期为 10 月 26 日前后。

4. **豫西丘陵旱地麦区** 半冬性品种适宜播种期 9 月底至 10 月 10 日，最迟至 10 月 15 日。

三、适宜播种量的确定

在小麦生产中，使个体与群体都得到最大限度的发展，达到穗多、穗大、粒饱，是确定合理播种量的根本依据。要达到上述要求，确定播种量时，要根据品种特性、土壤肥力、播种早晚而定。分蘖成穗率高的品种播种量小一些，分蘖成穗率低的品种则适当加大播种量（表 3-1）。肥水条件好的有利于增加小麦分蘖，播种量可减少；肥水条件差的，分蘖及成穗受到一定限制，播种量要相应增加。晚播时应适当加大播种量，以增加基本苗。

表3-1　不同分蘖成穗类型品种适宜的群体结构和产量结构

品种类型	群体结构（万头/亩）			产量结构		
	基本苗	冬前	春季最高	亩穗数(万/亩)	穗粒数（粒）	千粒重(克)
大穗型	15~20	70~75	75~90	30左右	45	45~52
中穗型	12~15	54~65	80~90	40~50	33~35	45左右

具体来说，确定播种量大小可参考以下条件：

小麦适宜的播种量是根据基本苗确定的，确定基本苗的原则是"以田定产，以产定穗，以穗定蘖，以蘖定苗"。

播种量的计算公式为：播种量（千克/亩）=基本苗（万/亩）×（千粒重/克÷100÷发芽率÷田间出苗率）。如每亩地计划基本苗为 16 万株，种子的千粒重为 40 克，发芽率为 85%，田间出苗率为 85%，则每亩的播种量为：播种量（千克/亩）=16×（40÷100÷0.85÷0.85）≈ 8.86 千克。

（一）地力水平和产量目标

根据地力和水肥条件确定目标产量，由目标产量确定每亩穗数，再由每亩穗数确定适宜的基本苗数，然后根据基本苗数、品种的千粒重及发芽率、田间出苗率计算出适宜的播种量。一般情况下，根据地力和肥力各类麦田适宜的基本苗数为：高产田，成穗率高的品种每亩 12 万～15 万株，成穗率低的品种每亩 15 万～20 万株；中产田，早茬麦每亩 20 万株左右，晚茬麦每亩 25 万～30 万株，独秆麦每亩 40 万株。需要注意的是，受各种因素的影响，小麦的发芽率不等于出苗率，出苗率一般要低于发芽率一到两成。

（二）品种与播种量的关系

因为小麦的优良品种比较多，每个品种的特性又有所不同，所以必须充分考虑品种的千粒重、出芽率、分蘖率、成穗率等多种因素而确定播量。一般来说，半冬性品种每亩播种量 8～10 千克，基本苗达 15 万～20 万株，可成穗 40 万～45 万个；春性品种每亩播种量 10～15 千克，基本苗达到 15 万～20 万株，可成穗 35 万～40 万个，晚播或整地差的地块要适当加大播种量。

（三）土壤质地和墒情对播种量的影响

因为土壤类型不同，土壤的空隙率和团粒性结构不同，造成失墒、漏墒的情况也存在差异，所以播种时应充分考虑根据情况增大或减小播种量。一般来说，沙土地适当控制播种量，黏土地适当增加播种量；墒情好时控量少播，墒情差时适当多播。把握"宁可适当晚播，也要造足底墒"的原则。

（四）整地质量对播种量的影响

整地质量好坏对出苗率、出苗势都有很大影响。如果坷垃多、耕层过虚时播种，要适当加大播种量，但不能依靠大播量弥补整地的缺陷。根据多年多点调查，目前农民大田整地条件下，每亩播种量以 10～12.5 千克为宜。

四、品种选择

在小麦品种选用上，要根据当地的土壤肥力、灌溉条件及气象特点等灵活掌握，选用高产、稳产、抗逆能力强的小麦品种。随着近年来极端气候频繁出现和病虫害的加重发生，对品种抗逆性和抗病性的要求越来越高。因此，只有综合考虑品种的丰产性、稳产性、抗逆性等因素，因地制宜地合理选择品种，才能充分发挥品种的增产潜力。

（一）要选择通过审（认）定的品种

每个小麦品种都有其自身的品种特性和适宜种植范围，若盲目扩大范围引种，往往会因不适宜当地的自然生态和生产条件，造成产量和经济损失。选用通过审定的品种一般都能保证高产、稳产。对未经审定的新品系，只能作为搭配品种试种或示范，不能作为当家品种大面积推广。

（二）根据品种的冬、春特性和生物学特性因地制宜地选择利用

选择品种时应充分了解其形态特征及生产表现，株高适中（75～80厘米），茎秆韧性、弹性好，株型半紧凑，能使田间通风、透光，充分利用光能，抗倒并适宜机械化收割。播种早、易受寒害的地区，应选用抗寒性强的半冬性小麦品种；灌溉不方便、易遭旱害的地区，应选用耐旱性强的小麦品种；病虫害多发区，应选用抗病虫性强的小麦品种，如豫东和驻马店地区小麦春季冻害发生的概率大，应注意选用抗倒春寒能力强的小麦品种。

（三）根据地力水平和小麦品种的产量潜力选择品种

应根据土壤肥力，选用产量潜力不同的品种。在土壤肥力较低且没有灌溉条件的地方，种植高肥水品种，不仅品种的高产潜力得不到发挥，达不到高产的目的，而且消耗地力和肥料。不具备高产潜力的品种，在高水肥地种植也同样实现不了高产，单靠加大肥水是不能获得高产的，过多的肥水只会导致倒伏、病虫害严重等不良后果而造成减产。

（四）结合地域适应性和销售对象选择不同品质的品种

1.**地域适应性**　小麦筋力强弱既决定于品种本身，也与环境条件有关。河南省北、中部地区适宜种植强筋和中筋小麦，南部适宜种植弱筋小麦。

2.**销售对象**　选择小麦品种还应考虑到销售对象：如果是为了满足自家的食用需求或销售到当地的小型面粉加工厂，以选择中筋或中强筋的小麦品种为宜；如果是大型农场或规模化生产，可以集中销售到大型面粉加工厂或外销出口，则可以选择强筋或弱筋小麦品种。

五、药剂拌种

药剂拌种是小麦健康栽培的一项重要措施，不仅可以控制病虫害，而且可以促进早出苗、出壮苗，是保证小麦高质量出苗的关键技术之一。根据具体田块和防治对象不同，应灵活选择药剂，以加强针对性和有效性。

（一）农药的选择

防治小麦全蚀病、蚜虫、散黑穗病、纹枯病等，可选用下列药剂：

1.**硅噻菌胺**　12%硅噻菌胺种子处理悬浮剂可防治小麦全蚀病，制剂用药量250～330毫升/100千克种子（拌种）。

2.**吡虫啉**　600克/升吡虫啉悬浮种衣剂，可防治小麦蚜虫，制剂用药量200～600毫升/100千克种子（种子包衣）。

3. **咯菌腈·苯醚甲环唑·氟唑环菌胺** 9% 咯菌腈·苯醚甲环唑·氟唑环菌胺种子处理悬浮剂，小麦散黑穗病，制剂用药量 100～200 毫升 /100 千克种子（拌种）。

4. **戊唑醇** 60 克 / 升戊唑醇悬浮种衣剂可防治小麦纹枯病，制剂用药量 50～67 毫升 /100 千克种子（拌种）。

（二）农药的使用方法

以上拌种或者种子包衣，要根据农药电子标签说明使用，根据不同地块不同病虫害发生特点，可采取杀菌剂、杀虫剂复合配方的方式进行拌种。

1. **防治地下害虫** 将 30% 甲拌磷粉粒制剂用药量 1：100（药种比、拌种）；10% 辛硫磷·甲拌磷粉粒剂制剂用药量 1：（30～40）（药种比、拌种）。利用此方法可有效防治地下害虫及鸟、兽、鼠、雀等的危害，药效可达 1 个月以上。

2. **病虫害兼治** 在地下害虫和小麦纹枯病、全蚀病等病害混合发生区，可采用杀菌剂与杀虫剂混合使用的方法进行拌种。35% 吡虫啉·苯醚甲环唑种子处理悬浮剂 400～600 克 /100 千克种子（拌种）；拌匀后自然晾干即可播种。15% 吡虫啉·毒死蜱·苯醚甲环唑悬浮种衣剂，制剂用药量 1.25～1.5 千克 /100 千克种子。

3. **药剂拌种注意事项** 应根据不同防治对象确定药剂种类和拌种方法，准确掌握农药用量，严格按照拌种操作规程进行操作，避免造成人畜中毒。拌种应现拌现用，当天拌种后立即播种，当日拌药种子当日播完，每 50 千克种子加 600～700 毫升（药液 + 水），不得超过 700 毫升。另外由于拌种用药剂有毒，因此拌种后多余的种子不能食用或作饲料使用。

六、种子包衣

种衣剂是以成膜物为载体的制剂复配物，是一种专门用于农作物种子包衣的新型药、肥复合制剂。高效的小麦专用种衣剂有别于一般的拌种剂，它不仅含有一定数量的杀菌剂和杀虫剂，而且还可以含有一定数量的微肥和生长调节剂。种子包衣后可以在种子上迅速固化成膜，种子播种入土后遇水吸湿后膨胀，药、肥的效果缓慢释放，能够起到防治多种病虫害和促进幼苗健壮生长的双重效果。

（一）种子包衣剂的选择

按所含药剂的成分种衣剂可以分为两类：单剂型和复合剂型。

1. **单剂型** 即只含有一种功效的药剂，如防病的杀菌种衣剂、防虫的杀虫种子剂等。

2. **复合剂型** 具有两种以上功效的药剂，即将杀虫剂、杀菌剂和微量元素、生长调节剂等按一定比例复配在一起，防病治虫的同时也能起到促进作物生长的种衣剂。

小麦种衣剂的选择应结合小麦田块病虫害发生情况，选择防治效果最好而成本又较低的种衣剂。3%

敌萎丹种衣剂、2.5% 适乐时种衣剂，用药量少、防效好，对小麦腥黑穗病、散黑穗病、根腐病等多种借种子传播的病害有效。特别是敌萎丹种衣剂，兼可预防成株期的纹枯病、白粉病、早期锈病等。此外，11% 福酮悬浮种衣剂、12.5% 烯唑醇悬浮种衣剂等，也具有不错的防治效果，可因地制宜地选择利用。

（二）种子包衣的方法

种子包衣之前，必须经过种子精选，以减少包衣剂有效成分的用量。小麦种子包衣可采用人工包衣和机械包衣两种方法。

1. **人工包衣** 简便的方法是可以将适量的种子和种衣剂按比例加入塑料袋中，扎紧袋口，上下摇动，快速揉搓，均匀为止；也可以用有盖的大玻璃瓶或小铁桶，加入适量的种子和种衣剂，立即快速摇动，拌匀为止。

2. **机械包衣** 用专用的种子包衣机进行包衣。

（三）注意事项

种衣剂中含有的杀虫、杀菌剂多为剧毒农药，使用时要注意以下事宜：

1. **安全用药** 种子包衣时，一定不能用手直接接触，要戴上口罩和专用手套。包衣过程中不慎将种衣剂溅到皮肤上，应及时用肥皂水冲洗干净，触及眼睛时要用清水冲洗眼睛 15 分，误入口中的应及时送医院进行治疗。

2. **适量用药** 种衣剂所含杀菌剂、杀虫剂使用过量有可能对小麦发芽势和出苗率产生不利影响，同时出现畸形苗，因此用种衣剂拌种一定要按照说明书严格控制剂量。

七、高质量播种保苗技术

（一）高质量机械播种

播种是小麦栽培技术的核心环节之一。高质量、高标准完成播种作业，是实现优质小麦高产优质高效的基础。精细播种，下种均匀，深浅一致，是保证苗全、苗匀，培育壮苗，充分发挥品种生长优势和品种增产潜力的一项关键措施。

小麦播种应采用精播耧或播种机播种，播种深度以 4 ~ 5 厘米为宜。播种过深，不仅出苗率低，而且会造成地中茎过长，分蘖困难，同时由于在出苗过程中消耗种子体内大量营养，麦苗个体弱，难以形成足够的群体和健壮的个体；播种过浅，在种子发芽出苗的过程中易失墒落干，很容易出现缺苗断垄现象，同时播种浅会造成分蘖节离地面过近，抗寒抗冻能力下降。因此，要严格掌握播种深度，做到行距一致，下种均匀，深浅一致，不漏播，不重播。

（二）足墒播种

小麦播种后要从土壤中吸收相当于种子干重 40% 左右的水分，才能开始萌动发芽，因此足墒下种是保证苗全和冬前壮苗的关键措施，也是小麦高产的基础。底墒与小麦初生根生长发育有密切关系，在分蘖之前吸收水分、养分主要依赖于初生根的生长发育状况。充足的底墒可以促进小麦幼苗分蘖和次生根生长。足墒播种与欠墒播种相比，一般冬前单株分蘖可增加 2 ~ 3 个，次生根增加 5 条以上，主茎叶龄有所提早。

小麦播种时一定要保证底墒达到土壤田间持水量的 75% ~ 80%。如播种前无充足的降水，土壤水分达不到足墒标准，就一定要浇足底墒水，或播种后浇蒙头水，绝不能欠墒播种，要力争一播全苗。

底墒充足标准，也可以用土壤含水率表示，一般情况下播种时土壤含水率要求沙壤土为 14% ~ 16%，壤土为 16% ~ 18%，黏土为 18% ~ 22%。生产中土壤含水量主要依靠田间土壤水分测定仪，将其插入土中即可显示土壤含水率。不少有实践经验的农业技术人员也可以根据不同土壤质地的土色、手捏形状等外观性状判断田间土壤含水率概数。以黄潮土类的两合土、砂壤土、黏壤土为例，不同墒情特征如表 3-2 所示。

表3-2　不同土壤质地田间土壤含水率概数的外观性状判断对照

墒情等级	土层色泽	物理特性	含水率
黑墒	土色暗黑色	手捏成团，掷地不碎，捏后手上有明显水迹	含水率20%以上
褐墒	暗黑黄色	手捏成团，手有湿印，掷地可碎成块状，含水量比较适中	含水率15% ~ 20%
黄墒	灰黄或黄色	手捏能成团，手微有湿印，有凉爽感，掷地碎成小块	含水率10% ~ 15%，种子出苗的水分下限

第三节　优质专用小麦水肥运筹技术

河南省水资源供需矛盾的日益突出，是制约河南省经济发展的重要因素之一。地下水位的下降，不仅使灌溉成本增大，加重农民负担，而且出现了水质普遍恶化、土壤次生盐碱化蔓延、土壤肥力递减、农作物生长受抑等一系列生态环境问题。小麦根系带分布在土壤水层，高产麦田以消耗土壤水为主，而不是以消耗灌溉水为主。通过实施节水灌溉技术、充分利用天然降水和土壤水，减少灌溉水消耗、提高灌溉水利用效率，是小麦节水高效栽培技术的重要发展方向。

一、节水栽培运筹技术

麦田耗水由降水、灌溉水和土壤水三部分组成。要使降水得到充分利用，必须要蓄住降水，把它转化成地下水，才能得到有效的利用。小麦节水栽培，形成以消耗土壤水为主的耗水体制，土壤有效水的利用率达50%。麦收后腾出的土壤库容大，可积纳汛期多余的降水以免流失。河南省除信阳市外，大部分地区小麦生长期间降水量均不能满足小麦生育的需要，需要通过各种农艺措施，围绕增加降水入渗和减少水分蒸发，提高降水利用效率。

小麦节水栽培运筹技术，是通过减少灌溉次数，提高土壤水利用率，降低总耗水量。通过保墒措施，可减少蒸发无效耗水，提高土壤水的实效性。通过减少灌溉次数和灌溉量，增加土壤水的消耗量。充分利用土壤水的结果，不仅腾出了土壤库容，也减少了小麦生长季的总耗水量。提高土壤水分利用率是节水高产技术的核心内容，要实现土壤水分的高效利用，必须要培养良好的小麦根系，可通过栽培措施促使小麦根系下扎。

（一）播前足墒

足墒下种是确保苗全、苗壮的基本措施。一般秋作物收获以后，土壤墒情已显不足，浇足底墒水不仅能够满足小麦发芽出苗和苗期生长的需要，而且能为中期生长奠定良好的基础。

小麦播种时，土壤含水量以占田间持水量的70%~80%为宜，因此，当小麦播种时土壤含水量低于70%，就应该浇好底墒水。应掌握"宁可适当晚播，也要造足底墒"的原则，做到足墒下种，确保一播全苗。

底墒水的灌溉量是由0~200厘米土体水分亏额决定的，由于每年9月降水量不同，20~200厘米土体水分亏额年际有很大差异。一般年份每亩灌底墒水50米^{3}左右。年际灌溉量不同正体现了对土壤水的调整意义。底墒灌水后，耕作层土壤水量应达到田间持水量的75%~85%。这就是通常所说的播前足墒的含义，这在节水栽培中占有基础性地位。

（二）因地因墒确定冬灌

小麦越冬前适时冬灌是保障麦苗安全越冬、早春防旱、防倒春寒的重要措施。冬灌后土壤水分增加，热容量和导热率变大，可以改善根系活动层的土壤水分和营养状况，使昼夜间地表与地下土间温度变幅减小，分蘖节部位土温较稳定，湿度较好，能减轻冻害。可为翌年返青期保蓄水分，做到冬水春用。另外，冬灌还可以起到塌实土壤、粉碎坷垃、消灭越冬害虫的效果，所以冬灌具有明显的增产作用。

冬灌要根据气候条件和土壤水分状况灵活掌握。底墒充足播种的麦田，为实现节水栽培，可不冬灌；底墒不足或冬季干旱的麦田一定要冬灌。冬灌时间一般在夜冻日消、日均温3~4℃时进行。如果冬灌过早，气温高，地面蒸发量大，就会减低冬灌的蓄墒保温作用，同时易造成麦苗生长过旺，造成冻害；

如果冬灌过晚，土壤冻结，难以下渗，地面结冰，就容易造成死苗。

冬灌时苗少的二三类麦田，或早播的脱肥旺苗，可结合冬灌追施氮肥。每亩施尿素 5～10 千克，可以促使小麦早返青，巩固冬前分蘖，增加分蘖成穗率，做到冬肥春用。

（三）减少灌水次数，保证关键时期用水

生育期间浇 1 水模式：灌水时间从起身到孕穗期可延续 1 个月，在此期间灌 1 次水有利于达到每亩 500 千克的产量目标。田间群体比较小的麦田，应掌握在起身期浇水，以增加麦田穗数，保证高产。肥力较高、田间群体较大、生长旺盛的麦田，可在小麦拔节期浇水，促进根群向土壤深层发展，提高深层的供水能力。据剖面观测，节水小麦初生根深达 2.2 米，可以利用深层土壤水分，保证后期籽粒灌浆的需求。

生育期间浇两水模式：起身水＋孕穗水或拔节＋开花水，都有利于实现每亩 550 千克产量目标。具体采用哪种模式，应根据麦田春季墒情、土壤肥力情况和小麦群体状况综合分析决定。

一般春季墒情较差、土壤肥力较低、小麦群体较小、生长势较弱的麦田，应采用起身水＋孕穗水的浇水模式，以增穗增粒为主保证高产。冬季雨雪较多、春季墒情较好、群体大、生长健壮的麦田，应选择拔节＋开花水的浇水模式。小麦开花期浇水有利于正常灌浆，保证小麦后期粒重。

随着春后浇水时间的后移，对上部叶片长宽促进作用逐渐减小。到拔节期灌水对上部叶片伸长已几乎无调控作用。春管后移措施使单茎叶面积小，叶片直立，形成小株型，麦株通体受光好，下部叶片不早衰，提高了小麦单位面积光合能力。既有利于增加亩穗数，又保证了粒数和粒重。

（四）强筋小麦浇麦黄水，保证籽粒蛋白质数量和质量

麦黄水是指乳熟末期至蜡熟阶段的灌水，此时麦芒开始转黄，茎叶变为黄绿，距收获 10 天左右。此时，籽粒已达最高重量的 80% 以上，如果缺水就会促进提早成熟，影响籽粒重量。

小麦的粒重有 1/3 来自开花前储存在茎和叶鞘中的光合产物，开花后转移到籽粒中的；2/3 是开花后光合器官制造的。水分是光合产物向籽粒转运的溶媒和载体，通过酶的作用，将所积累的物质转化为水溶性的糖类和氨基酸转运到籽粒中去，然后再合成淀粉、蛋白质等。所以，保持小麦籽粒灌浆期适宜的土壤水分供应，是延长小麦光合高值持续期、延缓早衰、提高小麦粒重和品质的重要措施。小麦灌浆后期籽粒蛋白质形成受高温和水分条件的调控，高温和干旱提高了小麦籽粒蛋白质含量，但如果土壤含水量过高，就会降低强筋小麦的蛋白质含量，影响小麦的品质。

小麦开花至成熟阶段土壤水分过多，蛋白质和湿面筋含量降低，面团稳定时间变短。蜡熟初期至蜡熟末期，推迟收获，可提高小麦品质。收获期遇雨，降落值降低，因此种植强筋小麦的麦田，如果浇过挑旗水或开花水，灌浆期间一般不再进行灌溉，尤其要避免浇麦黄水。

在小麦黄熟期浇水也会造成麦株迅速死亡，主要原因是小麦后期根系活力大大降低，此时如果灌水，就会造成根系缺氧窒息而死，失去吸收能力，造成植株迅速死亡，尤其浇水后遇到高温天气，危

害更为严重。特别是前期过于干旱的麦田，这时突然灌水，会引起烂根，逼熟青秆，降低粒重。另外，对于施肥过量的麦田，一般也不宜浇麦黄水，以免调肥过多，引起贪青晚熟而减产。

（五）合理施肥

1. 小麦的需肥特性 小麦生长发育所必需的氮、磷、钾、钙、镁、硫和微量元素。主要是靠根系从土壤中吸收，其中氮、磷、钾三元素在小麦体内含量比较高，需要量大，对小麦生长发育起着决定性的作用。每生产100千克将需吸收纯氮3千克、磷（P_2O_5）0.4~0.65千克、钾（K_2O）1.7~3.3千克。

2. 小麦的营养特性

1）氮 分蘖期是小麦氮素营养的临界期，分蘖期缺氮，分蘖发生困难，有效穗数减少。幼穗分化期对氮的需求量高，如缺氮则小穗小花数减少，退化小花增多，若追施氮肥，可延长分化时间，增加穗粒数。抽穗以后土壤供氮水平对提高粒重极为重要。

2）磷 小麦对磷素敏感。早期的磷素营养对植株及根系生长极为重要，是小麦磷素营养的临界期，磷肥可显著增加分蘖与次生根数，提高苗期的抗寒性。小麦拔节孕穗期是吸磷的高峰期，这时磷素供应充足，幼穗发育时间长，小穗数增多，穗大粒多。

3）钾 小麦拔节孕穗期是钾的吸收高峰期，拔节孕穗期追施钾肥能增加根量，使茎秆粗壮，防止后期叶片早衰，提高籽粒粒重和蛋白质含量。

4）其他元素 小麦正常生长还需要钙、镁、硫、硼、锰等微量元素。在土壤供应不足时，施用相应的肥料效果明显。缺硫的土壤施含硫的肥料，能提高面粉的品质。土壤缺硼时，小麦雄性器官发育受阻、不结实，施硼后则开花结实正常。

3. 推荐施肥量

1）有机肥 提倡前茬作物秸秆还田，有条件的地方每亩施用农家肥2 000千克或商品有机肥适量。

2）化肥 在施足有机肥的基础上，根据目标产量，按小麦平衡施肥氮、磷、钾素推荐用量确定化肥用量。

3）微量元素 应根据土壤硼、锌、锰等含量及小麦缺素症状针对性地使用微量元素。

4. 小麦的施肥技术

1）底肥和追肥 有机肥和磷、钾化肥一般全部用作底肥，在沙性土壤上，用钾肥总量的50%作底肥，其余与氮肥配合作追肥施用。氮肥在高产地块，用总量的40%作底肥，60%作追肥；中、低产地块，用总量的60%作底肥、40%作追肥。

2）施肥方法 根据劳动力状况和肥料种类、性状，分犁沟深施和撒肥耕翻深施两种方法。

5. 小麦推荐施肥量

1）亩产450~550千克的麦田

（1）每亩总施肥量 玉米秸秆还田＋氮（N）10~15千克，磷（P_2O_5）5~7千克，钾（K_2O）5~7千克。肥力较低的沙土、沙壤土要求施氮15千克以上，并增施钾肥；同时增施锌肥、锰肥和钼肥。

（2）底肥量　玉米秸秆还田＋三元素复合肥（含氮22%以上）40～50千克＋微肥，剩余氮肥约5千克作追肥。无灌溉条件的旱地可底施50～60千克复合肥并增施磷肥。

2）亩产550～650千克麦田

（1）每亩总施肥量　玉米秸秆还田＋土杂肥2 000～3 000千克（或干鸡粪500千克）＋氮（N）16～18千克＋磷（P_2O_5）5～7千克＋钾（K_2O）5～7千克，同时增施锌肥和硫肥。

（2）底肥量　玉米秸秆还田＋农家肥2 000～3 000千克（或干鸡粪500千克左右）＋三元素复合肥（含氮22%以上）50千克＋硫酸锌1千克＋硫黄粉3～4千克，（剩余氮肥4～9千克作追肥）氮肥底追比例6∶4或5∶5。

3）亩产660～700千克的麦田

（1）每亩总施肥量　玉米秸秆还田＋干鸡粪1 000千克或猪粪1 500～2 000千克＋化肥氮（N）16～22千克＋磷（P_2O_5）5～7千克＋钾（K_2O）9千克＋硫酸锌1.5千克＋硫黄粉3.5～4千克。

（2）底肥量　可用三元素复合肥一袋（50千克）（含氮22%以上），其余氮素用尿素作追肥。由于这些超高产田块的基础肥力都较高，因此，土壤当季供肥能力都在70%～80%，不需要施过多底肥，重要的是看苗势长相合理追肥。氮肥底追比例5∶5或4∶6较好。

为了节约化肥用量，提高养分利用率，一般底施尿素不宜超过22千克、磷酸二铵是以磷为主的复合肥，每亩用量要以施磷量计算，每亩用量不超过15千克，硫酸钾（氯化钾）不超过15千克。

硝酸磷肥中的氮素在土壤中易流失，底肥用量最好不超过20千克；黄土丘陵旱地比较适宜施用，降水量较多地区不宜选用。

二、氮肥后移高产优质栽培技术

（一）技术原理

氮肥后移高产优质栽培技术是将冬小麦底、追肥数量占比减少，春季追氮时期后移和适量施氮相结合的技术体系，是适用于强筋和中强筋小麦，高产和优质、高效相结合，生态效应好的栽培技术。

在冬小麦高产栽培中，氮肥的施用一般分为2次：第一次为小麦播种前随耕地将一部分氮肥耕翻于地下，称为底肥；第二次为结合春季浇水进行的春季追肥。传统小麦栽培，底肥一般占60%～70%，追肥占30%～40%；追肥时间一般在返青期至起身期。还有的在小麦越冬前浇冬水时增加1次追肥。在高产田，如果在小麦生育前期重施氮素肥料就会造成麦田群体过大，无效分蘖增多，小麦生育中期田间郁闭，后期易早衰与倒伏，影响产量和品质，氮肥利用效率低。氮肥后移技术将氮素化肥的底肥比例减少为50%，追肥比例增加至50%；土壤肥力高的麦田底肥比例为40%～50%，追肥比例为50%～60%；同时将春季追肥时间后移，一般后移至拔节期，土壤肥力高的地块选用分蘖成穗率高的品种可移至拔节期至旗叶露尖时。

氮肥后移技术，可以有效地控制无效分蘖过多增生，塑造旗叶和倒二叶健挺的株型，使单位土地面积容纳较多的穗数，形成开花后光合产物积累多，向籽粒分配比例大的合理群体结构；能够促进根系下扎，提高土壤深层根系比重，提高生育后期的根系活力，有利于延缓衰老，提高粒重；能够控制营养生长和生殖生长并进阶段的植株生长，有利于干物质的稳健积累，减少碳水化合物的消耗，促进单株个体健壮，有利于小穗小花发育，增加穗粒数；能够促进开花后光合产物的积累和光合产物向籽粒器官运转，有利于提高生物产量和经济系数，显著提高籽粒产量；能够提高籽粒中清蛋白、球蛋白、醇溶蛋白和麦谷蛋白的含量，有利于提高籽粒中麦谷蛋白大聚合体的含量，改善小麦的品质。

（二）氮肥后移技术要点

1.播前准备和播种

1）培肥地力及施肥原则　较高的土壤肥力有利于改善小麦的营养品质和加工品质，所以应保持较高的有机质含量和土壤养分平衡，培养土壤肥力达到耕层有机质 1.2%、全氮 0.09%、水解氮 70 毫克 / 千克、速效磷 25 毫克 / 千克、速效钾 90 毫克 / 千克、有效硫 12 毫克 / 千克及以上。在上述地力条件下，考虑土壤养分的余缺平衡施肥。一般总施肥量：每亩施有机肥 3 000 千克、氮肥 14 千克、磷（P_2O_5）10 千克、钾（K_2O）7.5 千克、硫酸锌 1.5 千克。有机肥、磷、钾、锌肥均作底肥，氮肥 50% 作底施，50% 于翌年春季小麦拔节期追施。硫酸铵和硫酸钾不仅是很好的氮肥和钾肥，而且也是很好的硫肥。

2）整地与播种　深耕细耙，耕耙配套，提高整地质量，坚持足墒播种、适期精细播种。

2.田间管理

1）冬前　出苗后要及时查苗补种。浇好冬水有利于保苗越冬，利于年后早春保持较好的墒情，以推迟春季第一次肥水，增加小麦籽粒的氮素积累。应于立冬至小雪期间浇冬水，不施冬肥。浇过冬水，墒情适宜时及时划锄，以破除板结，疏松土壤，除草保墒，促进根系发育。

2）春季（返青至挑旗期）　小麦返青期、起身期不追肥、不浇水，及早进行划锄，以通风、保墒、提高地温，利于大蘖生长，促进根系发育，加强麦苗碳代谢水平，使麦苗稳健生长。

将一般生产中的起身期（二棱期）施肥浇水改为拔节期至拔节后期（雌雄蕊原基分化期至药隔形成期）追肥浇水。具体时间依据品种、地力水平和苗情决定。在地力水平较高，群体适宜的条件下，分蘖成穗率低的大穗型品种，一般在拔节初期（雌雄蕊原基分化期，基部第一节间伸出地面 1.5 ~ 2 厘米）追肥浇水，分蘖成穗率高的中穗型品种宜在拔节中期追肥浇水。

3）后期（挑旗至成熟期）　挑旗期是小麦需肥的高峰期之一，此时可采取叶面喷施的方式补充速效氮和植物生长调节剂，保证籽粒营养的充分供给，提高籽粒蛋白质含量。

第四章　优质专用小麦管理关键技术

小麦从播种到收获要先后经历出苗、分蘖、越冬、起身、返青、拔节、孕穗、抽穗、扬花、灌浆、成熟等阶段，按照小麦的生物学特性可分为三个时期：前期（苗期），从出苗到起身，主要以营养器官生长为主；中期（器官建成期），从起身到抽穗，是营养生长与生殖生长并进和器官基本建成的阶段；后期（经济产量形成期），从抽穗到成熟，是以生殖生长为主的阶段。从生产管理上，又习惯上分为三个阶段，即冬前（出苗至越冬期）、春季（返青至抽穗期）和后期（开花至成熟期）。每个时期环境条件不同和生长发育变化不同，如何抓住关键时期，采取针对有效的调控措施，是实现优质高产高效的关键。本章详细介绍了小麦苗期至越冬期、返青至孕穗期和开花至成熟期各关键时期水分、肥料运筹及病虫草害预防等管理关键技术。

第一节　小麦冬前（苗期至越冬期）管理关键技术

小麦冬前（苗期至越冬期）既是冬小麦根系发育的重要阶段，又是形成有效分蘖的关键时期。冬小麦冬前田间管理的主攻目标是培育冬前壮苗，保证小麦安全越冬，为翌年丰收打下良好的基础。

小麦冬前田间管理的关键技术主要包括查苗补种、苗情诊断、杂草防除、病虫害防治、肥水运筹等。管理措施上，必须根据不同的苗情，及时准确地掌握苗情状况及发展动向，分析矛盾，明确主攻方向，因地、因墒、因苗采取不同的管理措施，确保壮苗安全越冬。

一、小麦冬前管理概述

河南省各地小麦生育期一般为220～240天。小麦冬前管理主要是指小麦从出苗至越冬这一阶段的田间管理，该阶段在河南省北部为10月上旬至12月下旬，中部为10月中旬至12月下旬，南部为10月下旬至12月底或翌年1月初，西部山地为10月初至12月初。田间管理的中心任务是在保苗的基础上，促根增蘖，使弱苗转壮苗、壮苗稳长，确保麦苗安全过冬，为翌年穗多、穗大打下良好的基础。

小麦播种存在的问题：一是个别地块播量偏大，基本苗多；二是个别地块抢墒播种，播期偏早；三是少部分麦田整地质量差、欠墒播种，出苗不好，造成缺苗断垄现象。因此，冬前管理要因地制宜，结合苗情和气候条件采取相应的管理措施，要根据小麦的出苗情况、天气变化、病虫危害情况，以及水肥条件等一系列的诊断来采取相应的预防与补救措施。

二、小麦冬前管理关键技术操作要点

（一）查苗补种

小麦出苗后，要及早进行查苗补种，确保苗全、苗匀。生产上常因耕作粗放、底墒不足、漏播、跳播、播种过深或过浅、药害、虫害和土壤含盐量过高等原因而发生缺苗、断垄现象。特别是实施秸秆还田的麦田，土壤中秸秆量大，直接影响小麦的播种质量和出苗情况，因此，要及早查苗补苗，尽早进行补种。

凡缺苗在 10 厘米以上的开沟补种同一品种的种子，补种用的种子最好在播前浸水 4 ~ 6 小时，达到提早出苗，赶上前后左右的苗子，苗齐苗匀。补种越早越好，缺墒地块应及时浇水，并适当补肥，促早发赶齐，确保苗全。

（二）根据苗情诊断，进行分类管理

冬小麦田间苗情诊断技术是管好小麦的基础，田间诊断时期应以冬小麦生长前期为主，通过对苗情及田间长势长相的查看，识别出壮苗、旺苗及弱苗，从而采取不同的措施分类管理，以达到苗齐、苗匀、苗壮。小麦冬前管理是促还是控要依据苗情而定。主要判断方法有两种：

一是植株形态诊断法：小麦植株在生长发育过程中的外部形态，如长相、长势和叶色等，一定程度上反映了内部的营养状况和生理变化，可作为采取促控措施的主要依据。二是营养诊断法：测定幼苗的叶片或全株的氮、磷、钾等元素含量而确定幼苗的生长状况。由于目前没有简捷、准确、方便的诊断仪器，在生产中多通过形态诊断法采取管理措施。

河南省一般 12 月中下旬为越冬始期，苗情诊断以 10 月下旬为宜，重点是识别弱苗并对其进行合理有效的管理，方法是"两查两看"：一查播种基础，二查墒情；一看田间长势、长相，二看群体结构。通过查看，认真分辨出壮苗、旺苗、弱苗。

1. **查播种基础**　播种深度是否适宜，以及下籽深浅是否均匀，直接影响播种质量。因为胚乳中所储存的养分有限，若播种过深，幼苗形成地中茎，消耗养分多，出苗迟，苗质差，分蘖少，且易感染病虫害；若播种过浅，由于土壤表层含水量不足，种子易落干，影响发芽、出苗，同时分蘖节分布太浅，既不利于安全越冬，又易引起倒伏与早衰。因此，生产上一般要求分蘖节应距地表 2 ~ 3 厘米，即播种深度应控制在 5 厘米左右。

2. **查墒情**　根据冬前田间墒情确定是否需要进行冬灌。凡是冬前田间相对含水量低于 70% ~ 80%，且有水浇条件的麦田，都应进行冬灌。冬灌的顺序，一般是先灌底墒不足或表墒较差的二三类麦田，后灌墒情较好的麦田。根据当前节水的需求及节水技术的研究与应用，越冬期墒情较好的麦田，可不进行冬灌。冬灌的最适气温是日平均气温 3 ~ 5 ℃，小麦冬灌溉量不宜过大，禁止大水漫灌，以浇透、当天渗完为宜；一般每亩 50 米³ 左右。对于底肥不足、麦苗发黄的田块，可结合冬灌每亩补施尿素 4 ~ 6 千克。冬灌后要及时划锄松土，弥合裂缝，以利于保墒增温，防止透风伤根造成死苗。

3. 看植株长相、长势 长相是植株及其每个器官生长状况的总体表现，包括基本苗数及其分布状况；叶片的形态和大小，挺举或披垂；分蘖的发生是否符合叶蘖同伸规律，分蘖消长和叶面积指数的变化情况是否符合高产的动态指标。长势是指植株及其各个器官的生长速度。

小麦的不同生育阶段，由于生长中心的转移和碳氮代谢的变化，叶色呈现一定的青黄变化。苗期以氮代谢为主，干物质积累较少，叶色深绿是氮代谢正常的表现。拔节阶段，幼穗和茎叶生长都大大加快，需要碳水化合物较多，以碳氮代谢为主，叶色又变深绿。开花后主要是碳水化合物的形成和向籽粒转运，叶色又褪淡。如果叶色按上述的规律变化，即表明生长正常；如果叶色该深的不深，表明营养不足，生长不良；如果该褪淡的不褪，表明营养过头，生长过旺。同时，诊断时应该注意叶色深浅会因品种的不同而有一定差异。

心叶出生速度能较好地反映小麦长势好坏。当倒二叶（观察时最上一片已展开的叶）刚展开时，心叶已达到它的长度的一半左右，表明心叶出生较快，植株健壮，长势良好；心叶尚未露尖或很小，表明麦苗长势差，不健壮；心叶尚未完全展开而上片叶已经露尖，表明生长过旺。正常情况下，麦苗长势和长相是统一的，但在温度较高、肥水充足、密度较大而光照不足的情况下，可能长势旺而长相不好；在土壤干旱或气温低时，又可能长相好而长势不旺。

4. 看群体结构 对于高产麦田来说，建立合理的群体结构，正确处理群体与个体的矛盾，是保证小麦高产稳产的重要内容，根据冬前苗情要进行分类管理。

1）一类麦田 地力水平较高，越冬期每亩总茎数 60 万 ~ 80 万个，属于壮苗麦田，应控促结合，提高分蘖成穗率，促穗大粒多。

2）二类麦田 越冬期亩总茎数 45 万 ~ 60 万个。管理的重点是巩固冬前分蘖，适当促进春季分蘖发生，提高分蘖的成穗率。

3）三类麦田 越冬期亩总茎数小于 45 万个，多属于晚播弱苗，管理应以促为主。可在冬前进行冬灌并追施速效氮肥（尿素），也可在返青期追肥浇水。

另外，对于旺长麦苗要以控为主。旺长苗麦田一般年前亩茎数达 80 万个以上，植株较高，叶片较长，主茎和低位分蘖的穗分化进程提前，早春易发生冻害。对于这类苗情麦田，要以控为主，在冬前和返青期不浇水、不追肥，可根据群体大小按照旺苗管理肥水。

（三）冬前肥水运筹技术

冬小麦从出苗到越冬，生育特点是长根、长叶、长分蘖、完成春化阶段，即"三长一完成"，生长中心是分蘖。田间管理的中心任务是在保苗的基础上，促根增蘖，使弱苗转壮，壮苗稳长，确保麦苗安全越冬。由于小麦越冬期间生长量小或基本不生长，蒸腾需水少，同时降水量也少，且越冬末期多风、蒸发较多。因此想要小麦安全越冬，除查苗补种、防治病虫危害外，冬前的肥水运筹也格外重要。

1. 因地制宜施好分蘖肥 小麦三叶期以后开始分蘖，次生根大量生长，需肥量随之增多。地力轻薄、底肥数量少或质量差、叶黄苗弱的麦田、播种偏稀的麦田，分蘖力弱的品种、迟播的品种，应在冬前分蘖盛期每亩追施尿素 8~10 千克，施肥后浇水；对于地力厚、施肥足、小麦生长正常的麦田，以及底肥充足、小麦群体较大、土壤墒情适宜的麦田冬前一般不再追肥。对由于缺磷形成的弱苗结合灌水每亩可开沟追施磷酸二铵 10 千克，或叶面喷施磷酸二氢钾。

2. 适时浇越冬水，促弱转壮 越冬水可提高土壤热容量，保持小麦根部环境相对稳定，起到盘根、壮蘖、蓄墒、防寒的作用，适时抓好麦田冬灌既能平衡地温、促进小麦根系发育、确保小麦安全越冬，又能减少病菌虫卵。同时，也可预防春季干旱，为春季麦田管理创造有利条件，争取主动权。凡是土壤翘空不实、墒情不足的麦田，应灌越冬水。以"夜冻昼消"的温度条件下浇冬水为宜，一般在日均温 7~8 ℃时开始，到 3 ℃时停止。黄淮南片麦区一般在 11 月下旬至 12 月上旬进行，同时灌溉量不宜过大，以当天渗透完为宜，忌大水漫灌。

第二节　小麦春季（返青至孕穗期）管理关键技术

小麦返青至孕穗阶段，在河南省由南而北处于 2 月中旬至 4 月下旬。当日平均气温稳定达 3 ℃、晴天中午气温达 10 ℃以上时，麦苗的新生蘖、叶片和根生长加快，即认为进入麦苗返青阶段。当日均气温达 8~10 ℃时就开始拔节。据河南省气象资料，春季日均温稳定在 3 ℃的日期为 2 月 21 日至 3 月 1 日，日均温稳定在 15 ℃以上的日期为 5 月 1 日左右。这个阶段如果气温上升较慢，气温波动较小，3~4 月日平均气温 8~12 ℃的日数较多时，可延长幼穗分化的时间，有利于增加穗粒数，即所谓"春长成大穗"。反之，如果春季气温上升快或者忽高忽低，容易引发小麦春季冻害，造成穗粒数减少。做好春季麦田管理是关系着小麦丰收的一个重要前提，必须引起高度重视。小麦春季管理的目标是"促根壮蘖，保穗增粒"，技术措施要因苗制宜，促控结合，构建合理群体结构，搭好丰产架子。

一、小麦春季管理概述

小麦春季管理，也称为小麦生育中期管理。对春季管理的生长阶段划分有不同方法，有的把春季管理划分为小麦返青期至孕穗期，有的划分为起身期至孕穗期。由于返青至起身期经历时间较短，而且返青主要是物候特征，返青的具体日期往往不好准确认定，因此，我们把返青至孕穗期定为春季管理阶段。这一阶段历时大约40天，历经小麦的返青、起身、拔节、孕穗四个生育期，这是小麦由营养生长（扩展根、茎、叶）向生殖生长（形成籽粒前期过程）的转化阶段。虽然几个生育期相距很近，但在管理措施上有明显的差异。这段时期内植株生长量加大，需水需肥较多，根、茎、叶生长达到盛期，幼穗发育加快，直至形成麦穗，是对肥水效应最敏感的时期。每个生育期应该重点抓好的措施各不相同。而且由于地力基础、播种质量不同而形成冬前和返青后的麦苗长势（苗情）不同，针对每种类型所采取的措施也有较大差异。要真正做到春季管理科学化，必须对小麦的生长发育规律有全面了解，因品种、因苗情、因天气灵活运用四个时期的管理措施。

春季麦田管理需要特别强调的是各项技术措施的时序性（时效性），即按生育期实施对应的技术措施。什么时候应该采取什么措施，一定要按时到位，过早或过晚都会影响措施的效果。例如，对农药和除草剂的应用，必须按时到位，否则不仅影响药效，甚至会造成药害。对肥水应用，必须掌握"促""控"时间，尤其对高产、超高产的麦田，必须根据苗情，把追肥和浇水的时期恰当安排，以达到肥水的最大效应。

目前小麦春季管理主要存在五方面问题：一是大多数地方未能做到因苗制宜，分类管理，不分苗情采取"一刀切"的肥水管理措施。二是在平原水浇地高产区不少地块仍然沿用中低产水平的管理模式，浇水追肥时期普遍偏早，导致春生蘖增多，延迟大小蘖的两极分化，氮肥后移（春氮后移）措施推广很慢；尤其是拔节至孕穗期浇水，推广很慢，往往是晚霜加干旱，造成严重减产。三是忽视病虫害早期防治，失去病害（纹枯病、全蚀病等）防治的最佳时期。四是化学除草时间偏晚，防效差甚至造成药害。五是库灌区和河灌区不能按照麦田科学管理的要求及时供水，水利部门和农业技术部门未能相互协调。

为了在麦田管理中做到因地、因苗科学管理，我们按返青、起身、拔节和孕穗四个时期应实施的主要技术分别叙述于后，而且尽可能详细具体，便于实际操作。

二、小麦春季管理各时期主要技术

（一）返青期

返青期是小麦长相与物候相结合的一个概念。一般2月上旬至3月上旬，气温明显转暖，日均温上升到3℃以上时，小麦心叶生长加快，整个麦田由暗绿色（或黄绿色）转为青绿色，可以认为进入返青期。南阳、驻马店等中南部小麦在 2 月上中旬就开始返青，而中北部可延迟到 3 月上旬。此时小麦生长加快，继续生长新叶并进入第二个分蘖（春生蘖）盛期，次生根也进入旺盛生长期。小麦的幼穗发育加快，春性品种已达到二棱末期至护颖分化期，半冬性品种进入二棱末期。返青期是调控成穗数以达到每亩合理穗数的重要时期。也是防治病虫害，消灭或减少后期出现"白穗"的关键时期。这一阶段应抓好以下几项主要技术措施。

1. 中耕和镇压

1）中耕　春季麦田中耕是古老传统措施。开春后天气变暖而又干燥，土壤板结，土壤蒸发量与日俱增，尤其冬灌过的黏土，常有裂缝。中耕疏松表土既可以切断土壤毛细管，减少蒸发而保墒；又可以提高土壤温度。尤其信阳的稻茬麦和南阳、驻马店的黄棕壤、黄褐土、砂姜黑土以及豫东平原的黏土（淤土），一定要在早春进行中耕。虽然这项措施目前已很少有人坚持，但我们还是希望把这一古老而有效的技术能够恢复和推广。

2）镇压　早春镇压是豫西丘陵旱地小麦生产上行之有效的传统措施。早春用石磙镇压，可起到提墒保墒，促进小麦机械组织发育，降低株高，增强抗倒能力，有较好增产效果。但要注意在小麦拔节后不能再进行镇压。

2. 合理应用肥水　返青后随气温升高，冬前分蘖快速生长，尚有 20% 左右的春生蘖可能滋生，很快进入起身期后，小蘖又会开始死亡，因此返青期是否浇水、追肥，关系着后期能否达到合理成穗数。基本原则是，既要注意因肥、水不足，麦苗群体小，生长弱，返青群体数达不到预期可成穗数的 1.2 倍，又要防止返青期不当的浇水追肥，造成小蘖过多滋生，中后期麦田群体过大，形成大小穗差异大，株间郁闭，通风透光不良，造成倒伏、贪青晚熟。因此，浇水追肥必须因苗情因地力而异，促控结合，中高产田必须以控为主。

1）壤土和黏壤土　肥力较高地块返青期小麦群体壮苗或旺苗达 80 万株以上的，不浇水追肥，即使土墒不足（田间持水量的 60%），也不要浇水追肥。全省平原地区，小麦亩产达 500 千克以上的麦田，要返青期控制肥水。目前大部分地区春季追肥浇水普遍偏早，应当改正。

2）保肥较差的沙土地　因地力不足或播种偏晚，返青期麦苗生长弱，壮苗或旺苗达不到 70 万株的三类苗，可于返青期追肥灌水，但水量不能过大，以每亩不超过 40 米^{3}为宜。追肥不能过多（尿素不超过 8 千克）。对播种过晚的麦田，因苗龄较小，早春宜中耕保墒增温促生长，待气温升高后再浇水追肥。

3）返青追肥以尿素为主　有些三类苗的底肥未施磷肥或麦苗有缺磷症状，也可以追施磷酸二铵或硝酸磷肥。尿素可以撒施后浇水。因为磷在土壤中移动性很小，磷酸二铵和硝酸磷肥必须用机械穿入麦行，或者撒后深中耕，要把肥料用到小麦根旁。另外，也可以先撒施尿素，在叶面喷洒磷酸二氢钾。

豫西旱地虽无水浇条件，也可以在早春追施尿素，待春季降水后发挥肥效。一定要撒施尿素 15 千克，施肥后及时中耕。如果用机械把肥料穿入麦行，其效果更好。同时，要喷洒磷酸二氢钾，补充磷素。

（二）起身期

小麦起身期亦称为生理拔节期，此时植株由冬季匍匐状态转为直立。茎秆的第一节间已开始伸长，但尚未突出地面。此期小麦分蘖已基本停止，并开始大小蘖两极分化，小蘖（上位蘖）开始死亡。此期小麦幼穗发育从护颖分化到小花分化末期，是小花分化最快的时期。所以，起身期是争取穗数的关键时期，也是争取较多穗粒数奠定基础的时期。

起身期介于返青和拔节之间，麦苗吸收水分和养分数量明显增加，此期管理具有承前启后的作用，使用肥水要瞻前顾后，促控结合，合理运筹。

1. **根据苗情和天气状况，合理安排追肥浇水**　对弱苗在返青期已经浇水追肥，此时不再追肥浇水。如果返青期未施肥水，麦苗长势较差，要抓紧追肥浇水。对土壤基础肥力较弱，亩产可达 550 千克以上的壮苗和旺苗，起身期要以控为主，即使土壤墒情稍差，也要坚决控制肥水，促使大小蘖两极分化，至拔节中后期再肥水促进。

2. **视当地情况防治病虫害**　如果在返青期已按要求喷药，当时没有病虫蔓延，此时不再打药。如果返青期未防病虫，或防治 1 次效果不好、仍有病虫危害较重的地块，此期可以再打药 1 次。药物种类与返青期相同。

> 温馨提示：此期是用除草剂的最后时机，如果杂草长势不旺就不再喷药。如果要用除草剂，要选对药物种类，而且必须在小麦拔节之前喷药，拔节之后就不能再用化学除草剂。

（三）拔节期

当田间有 50% 的单茎第一节间长度达 3 厘米以上时（用手摸到第一节间发硬），称为拔节。从拔节到旗叶叶片全部伸出这一段的田间管理为拔节期管理。

此期小麦分蘖的两极分化加快，是小蘖死亡盛期，一些二级分蘖也会因水肥供应不足而逐渐消亡。此期每亩穗数可基本确定，是争取最大穗数的最后时期。这一阶段幼穗发育从雌雄蕊分化至雌蕊柱头羽毛突起（雄蕊药隔形成期），多数小花在这一时期退化。此期水肥供应充足可减少小花退化，增加每穗粒数，因此也是浇水、追肥增产效果最好的时期。

拔节期最重要的管理技术措施是运筹肥水。要做到合理调配浇水与追肥，必须根据拔节期之前的苗情长势和预期产量目标以及底肥和返青起身期的追肥浇水情况灵活掌握。

第一类：亩产 450～500 千克的中产麦田，在冬前、返青起身期末追肥。担心每亩穗数能否达到预期目标、争取二级分蘖能多成穗的麦田，要在拔节初期（豫中南部 3 月 15 日前后，豫中北部 3 月 20 日前后）重追氮肥，每亩施尿素 15 千克（氮 7.2 千克），只要没有特大降水（25 毫米以上），都要浇 1 次水，每亩 40 米³左右。

第二类：冬前壮苗，拔节期可成穗的大分蘖（4.5 片叶以上）可达到预期高产水平（550～600 千克/亩）要求的成穗数（半冬性品种 40 万～45 万穗，弱春性 40 万穗左右）的麦田，可推迟 7～10 天至药隔期，即拔节中后期（第二节间伸长，第三节间开始伸长）进行追肥、浇水。达到尽可能减少小花退化，增加每穗粒数之目的。

第三类：对于底肥充足，或返青期追过肥料，春季分蘖过多，株间郁闭较重的旺苗，可不再追肥。如果天气干旱较重，可在旗叶露尖时浇水1次，并喷洒磷酸二氢钾。

（四）孕穗期

4月上中旬气温上升到15℃左右，小麦旗叶全部伸出至抽穗期，称为孕穗期。此时小麦分蘖的两极分化已基本结束，保留的大分蘖一般都能成穗，每亩穗数基本定型。此阶段是小麦一生中绿色叶面积最大、光合作用最旺盛时期，也是一生中耗水量最多的时期，要求土壤墒情保持在田间最大持水量的70%～80%。

孕穗期田间管理的技术措施主要是浇好孕穗水，因为此期气温升高，耗水量加大，充足的土壤水分既可保证植株水分和养分运输畅通，减少小花退化，又可以为小麦抽穗开花准备充足水分。对于前期底肥较少、返青起身期又未追肥的田块，可在浇水前每亩撒施尿素10千克左右，同时喷洒磷酸二氢钾。此时如遇寒潮侵袭，还是要及早浇水，减轻籽粒受危害程度。

小麦孕穗期是防治吸浆虫的有效时期之一。此时正处于吸浆虫的蛹盛期，是采用毒土防治吸浆虫的关键时期。此时可用50%辛硫磷乳油100～150毫升，对水5千克拌细土20～30千克，或用3%辛硫磷颗粒剂2～3千克，拌细土20～30千克，于中午或下午将毒土撒于麦行。撒后浇水或在降水前撒毒土，防治效果较好。最好和浇孕穗水相结合，先撒毒土再浇水。

> 温馨提示：小麦孕穗到抽穗一般只有10天左右时间，此期是小麦抽穗后白粉病、锈病、赤霉病以及蚜虫、红蜘蛛等始发时期，此时要做好病虫测报，备好有关药物，以便在抽穗扬花期及时喷药防治。

第三节　小麦中后期（抽穗至成熟期）管理关键技术

小麦抽穗期以全田50%小麦植株麦穗（不包括芒）露出旗叶叶鞘1/2时的日期为准，开花期以全田50%小麦麦穗中上部小花的内外颖张开、花药散粉时的日期为准。小麦抽穗至成熟期包括抽穗、开花、授粉、籽粒形成与灌浆等生育过程。一般情况下，较早和正常抽穗的小麦开花期多在抽穗后的5天左右，同一块麦田开花期可持续6～7天。小麦抽穗以后，即进入以生殖生长、结实器官建成为主的阶段。营养器官除了穗下节间继续伸长外，其余节间、根、叶基本终止生长。该阶段是决定粒重的关键时期。因此抽穗至成熟期麦田管理应以促进灌浆、延缓衰老、提高粒重为核心。

一、小麦中后期（抽穗至成熟期）管理技术概述

小麦抽穗至成熟期是产量形成的关键时期，籽粒内的碳水化合物 80% 以上是小麦开花后光合作用形成，是以穗粒生长为中心的生殖生长阶段，也是争取粒多、粒重，特别是提高粒重的关键时期。因此，加强小麦中后期管理，为小麦生长发育创造良好的外部环境，对夺取小麦丰收至关重要。该期管理的中心任务是防治病虫害，养根护叶，延长上部叶片的绿色时间，防止早衰或贪青，保花增粒，促进灌浆，争取粒饱粒重。

二、小麦中后期（抽穗至成熟期）管理关键技术要点

（一）病虫害防治技术

参见第五章相关内容。

（二）肥水运筹技术

1. **适时浇好灌浆水** 根据土壤墒情，适时浇好灌浆水，浇水时间掌握在小麦开花后 7 天以内。当土壤含水量低于土壤最大持水量 70% 时及时浇灌浆水。浇灌浆水要密切注意天气预报，风雨来临前严禁浇水，以免发生倒伏。

试验和生产经验证明，灌浆水对增加小麦籽粒粒重和产量有很好效果。水分是光合产物向籽粒转运的溶媒和载体，通过酶的作用，将所积累的物质转化为水溶性的糖类和氨基酸，转运到籽粒中去，然后再合成淀粉、蛋白质等。小麦抽穗到成熟阶段耗水量一般要占一生总耗水量的 1/3 以上，日每亩耗水量达 1 ~ 2 米^3。适宜的土壤水分，能保证植株生育后期有较强的光合能力。这一时期即使短时间缺水，也会造成叶片暂时凋萎，光合强度迅速下降，呼吸作用上升，消耗已合成的有机物质。据中国农业科学院新乡灌溉所测定（表 4-1），在小麦抽穗期，当土壤含水量为 17.4% 时（黏土），旗叶的光合强度比含水量为 15.8% 的高 28.7%；灌浆期土壤含水量为 18% 时，旗叶的光合强度比含水量 10% 的光合强度高 6 倍。

表 4-1　灌水时间对小麦千粒重的影响（中国农业科学院新乡灌溉所）

灌水时间	千粒重（克）	千粒重增加量（克）	千粒重增加（%）
抽穗后 10 天	35.7	1.6	4.7
抽穗后 15 天	36	1.9	5.6
抽穗后 20 天	34.5	0.4	1.2

灌水时间	千粒重（克）	千粒重增加量（克）	千粒重增加（%）
抽穗后25天	33.2	−0.9	−2.6
抽穗后10天和20天各1次	37.3	3.2	9.4
抽穗后10天和25天各1次	34.9	0.8	2.3
不灌水（对照）	34.1		

2. **补施氮肥**　对中低产田，为防止生育后期植株早衰，可延长灌浆时间，提高灌浆强度，在浇灌浆水的同时，追施少量氮肥，延长茎叶和穗部的光合作用。适当延长灌浆时间，对提高千粒重有较好的作用；一般追肥量尿素 5 千克/亩，可提高千粒重 2 克左右。但注意氮肥用量不宜过大，追肥时期不能过晚。在小麦开花后 10 天左右，喷施 0.5% 浓度的磷酸二氢钾和浓度为 1% ~ 2% 尿素溶液，每亩 50 千克左右，可提高粒重，改善籽粒品质。氮、磷肥可以和防病虫的药物混合在一起喷洒。

赵广才、高瑞玲等人对后期喷氮提高强筋麦的蛋白质和氨基酸含量进行了大量试验，其结果表明，小麦挑旗之后不同时期喷氮，均有提高籽粒蛋白质含量的作用，喷氮时间以开花至灌浆初期效果最好（表 4-2）。

表 4-2　喷氮时期与籽粒蛋白质、赖氨酸含量（赵广才等，2012）

喷氮时期	蛋白质（%）	赖氨酸（%）
孕穗+开花期	12.60	0.375
开花+灌浆初期	13.00	0.378
灌浆初+灌浆盛期	14.20	0.417
对照	11.60	0.348
孕穗+开花期	15.10	0.438
开花+灌浆初期	15.81	0.476
灌浆初+灌浆盛期	16.30	0.491
对照	15.07	0.409

河南省农业科学院小麦研究所多年多点试验结果显示，小麦开花后 5 天内每亩用 40 毫升麦健（丰优素）加水 30 千克喷施能够改善光合特性、提高粒重、改善品质（表 4-3 ~ 表 4-5）。

表4-3　麦健（丰优麦）对豫麦47多点试验的增产效果（河南省农业科学院小麦研究所）

处 理	1	2	3	4	5	6	7	8	9	平均
麦健	40.06	40.9	40.2	36.4	41.3	43.0	43.2	44.4	34.4	40.4
对照	35.12	40.0	36.8	35.4	39.3	41.4	42.6	40.8	35.4	38.5

表4-4　麦健（丰优素）在15个品种上应用效果（河南省农业科学院小麦研究所）

序号	品种	麦健	对照	增加	序号	品种	麦健	对照	增加
1	兰考906	31.9	30.8	1.1	9	9960	45.5	43.1	2.4
2	中672	36.6	34.9	1.7	10	郑麦9023	46.95	44.65	2.3
3	内乡188	36.1	34.9	1.2	11	郑优6号	51.0	44.6	6.4
4	豫麦47	41.82	39.32	2.5	12	豫麦34	52.7	46.4	6.3
5	温4	43.2	37.3	5.9	13	漯麦4号	33.9	35.0	−1.1
6	9921	38.1	35.4	2.7	14	皖麦38	36.8	35.0	1.8
7	周12	40.0	37.2	2.8	15	温麦6号	45.2	41.5	3.7
8	新9	33.4	32.2	1.2					

表4-5　不同品种喷麦健（丰优素）对品质的影响(河南省农业科学院小麦研究所)

品 种	粗蛋白质含量(%)			湿面筋含量(%)			稳定时间(分)		
	丰优素	对照	增加	丰优素	对照	增加	丰优素	对照	增加
豫麦34	16.2	13.9	2.3	34	25.6	8.4	14	11.2	2.8
豫麦47	14.9	14.9	0	37.2	36.2	1	13.5	10.5	3
兰考906	14.6	14.6	0	33.5	32.4	1.1	8	5	3
高优503	14.8	14.6	0.2	34.2	32.6	1.6	19	14	5
9921	14.7	14.2	0.5	34.7	30.6	4.1	13	10	3
郑优6号	15.2	13.5	1.7	32	31.1	0.9	4.5	4.5	0
新麦9号	15.1	15	0.1	33.2	30.7	2.5	14.5	11	3.5
中672	14.5	14.1	0.4	32.2	27.8	4.4	3.5	3	0.5
温4	14.6	13.8	0.8	28.6	27	1.6	18	18	0
周12	13.1	13.5	−0.4	28.8	27.6	1.2			

3. 适时收获　采用联合收割机收割的适宜收获期为完熟初期，此时小麦茎叶全部变黄、茎秆还有一定弹性，籽粒呈现品种固有色泽，含水量降至13%以下。

第五章 优质专用小麦病虫草害绿色防控技术

绿色防控是指从农业生态系统整体出发，以农业防治为基础，积极保护利用自然天敌，恶化病虫的生存条件，提高农作物抗病虫害能力，在必要时合理使用化学农药，将病虫害损失降到最低限度。本章主要介绍了小麦主要病害、虫害及杂草识别、防治方法，并制定了相应的防治技术及药剂使用方法。

第一节 小麦病害种类与防治

小麦病害是指在小麦生长发育过程中，由真菌、细菌、病毒、线虫等病原物侵染小麦植株，造成小麦不健康生长的现象。其结果是小麦产量减少和品质降低。小麦病害防治是通过一些控制措施减轻病害，从而挽回小麦产量损失或保证品质。

根据侵染植株器官不同，小麦病害可分为以下四类：

☞穗部病害：赤霉病、黑穗病。

☞叶部病害：白粉病、锈病、叶枯病。

☞根茎部病害：根腐病、茎基腐病、纹枯病、全蚀病。

☞全株性病害：病毒病、霜霉病。

一、穗部病害

（一）赤霉病

小麦赤霉病别名麦穗枯、烂麦头、红麦头，小麦从幼苗到抽穗都可受害，主要引起苗枯、茎基腐、秆腐和穗腐，其中危害最严重的是穗腐（图5-1）。真菌侵染小麦穗部，引起穗腐或白穗（图5-2），造成减产。病麦粒中含有对人畜有害的毒素，严重影响品质，以致失去食用价值。

图 5-1　赤霉病受害引起穗腐

图 5-2　赤霉病受害引起白穗

1. 发病规律

☞小麦赤霉病菌，在土表的稻茬或玉米秸秆等作物病残体上存活。春季温、湿度适宜时产生子囊孢子，经气流传播到小麦穗部，条件适合时造成侵染。

☞小麦赤霉病发生，受天气影响很大。春季旬平均气温在9℃、3～5个雨日时，越冬菌源才能产生子囊孢子。

☞小麦抽穗扬花期在有大量成熟子囊孢子存在情况下，如遇连续3天以上有一定降水量的阴雨天气，即可造成小麦赤霉病大流行。

☞河南省小麦赤霉病流行具有暴发性和间歇性的特点。

2. 防治措施　防治上，应采取以农业防治为基础，结合选用抗病品种和在预测预报指导下适时进行药剂保护的综合防治措施。

1）**农业防治**　在病害常发区，注意选用抗、耐品种；结合深耕灭茬，消灭地表菌源；开沟排水、降低田间湿度。

2）**药剂防治**　如天气预报抽穗扬花期多阴雨，应抓紧在齐穗期用药。

药剂推荐：50%戊唑·多菌灵悬浮剂50～60毫升/亩，或30%多·酮可湿性粉剂100～150克/亩，或28%井冈·多菌灵悬浮剂100～125克/亩，或30%苯甲·丙环唑乳油150～200克/亩，或36%丙环·咪鲜胺悬浮剂40～50克/亩，或15%丙唑·戊唑醇悬浮剂40～60克/亩，或48%氰烯·戊唑醇悬浮剂40～60克/亩，或20%氰烯·己唑醇悬浮剂110～140克/亩，或75%肟菌·戊唑醇水分散粒剂15～20克/亩，或23%戊唑·咪鲜胺水乳剂40～50克/亩，或40%唑醚·氟环唑悬浮剂20～25毫升/亩，或30%唑醚·戊唑醇悬浮剂20～25克/亩。

（二）黑穗病

小麦黑穗病主要有散黑穗病（图5-3）、腥黑穗病（图5-4）和秆黑粉病（图5-5）3种。散黑穗病病穗比健穗较早抽出，最初病小穗外面包一层灰色薄膜，成熟后破裂，散出黑粉（病菌的厚垣孢子），黑粉吹散后，只残留裸露的穗轴。腥黑穗病一般病株较矮，分蘖较多，病穗稍短且直，颜色较深，初为灰绿，后为灰黄，病粒较健粒短粗，初为暗绿，后变灰黑，外包一层灰包膜，内部充满黑色粉末，破裂散出含有三甲胺鱼腥味的气体。秆黑粉病病株多矮化、畸形或卷曲，多数病株不能抽穗而卷曲在叶鞘内，或抽出畸形穗。病株分蘖多，有时无效分蘖可达百余。

图5-3　小麦散黑穗病　　　　　图5-4　小麦腥黑穗病　　　　　图5-5　小麦秆黑粉病

1.发病规律　三种病害均由黑粉菌侵染引起。共同的特点是每年只侵染1次，在小麦穗部或茎秆和叶部造成危害，产生黑粉，即病株颗粒无收。

1）腥黑穗病　病菌黏附在种子表面，或者在粪肥、土壤中长期存活，传播危害。小麦出苗时，病菌孢子萌发侵入。

2）散黑穗病　小麦开花时正赶上病菌孢子飞散，孢子侵染种子。病菌在种子内长期存活，并借种子传播。

3）秆黑粉病　病残体落入土壤，或少量混入种子和粪肥，成为翌年的侵染源。小麦出苗时，病菌孢子萌发侵入。

2.防治措施　小麦黑穗病是一种种子带菌、系统侵染的病害，防治的关键是进行种子处理。利用抗病品种、无病种子和对种子进行药剂处理，再配以适当的栽培措施可取得很好的效果。

1）农业防治　无病田搞好检疫，把好种子关。用无病种子，不用病残体沤肥等措施，控制病菌传入。

2）药剂防治　利用内吸杀菌剂拌种，不论对种传、土传和粪肥传播的黑穗病都有很好的防效。
药剂推荐：4.8%苯醚·咯菌腈悬浮种衣剂104～312.5克/100千克种子，或9%氟环·咯·苯甲种子处理悬浮剂 111～222 克/100 千克种子，或 10% 咯菌·戊唑醇悬浮种衣剂 30～50 克/100 千克种子。

二、叶部病害

（一）白粉病

小麦白粉病是小麦生长中后期的主要病害之一，该病可侵害小麦植株地上部各器官，但以下部叶片和叶鞘为主（图 5-6，图 5-7），发病重时向上蔓延，颖壳和芒也可受害，给小麦生产带来了严重影响，并直接影响小麦的品质与产量。一般发病后减产 10%～20%，严重发病后减产可达 40%～60%。

图 5-6　白粉病叶鞘受害

图 5-7　白粉病叶片受害

1. 发病规律

病菌孢子通过气流传播到小麦植株，造成侵染。

在 0～25℃内均能发病，在此范围内温度越高发病越快。

湿度高有利于孢子萌发和侵入，但雨水不利于孢子萌发或传播。光照可抑制病害发展。因此，阴雨天多，病害则重；氮肥施用过多，植株密度过大等也有利于病害发生。

小麦大面积感病品种的存在，是白粉病近年大发生的一个重要原因。

2. 防治措施　以推广抗病品种为主，辅之以减少菌源、农业防治和化学防治等综合防治措施。

1）农业防治

（1）利用抗病品种　郑麦 9023、矮抗 58 和郑麦 366 等抗性较好，应根据当地情况合理利用抗病品种。

（2）栽培防治　合理密植、合理施肥促使植株健壮，增强抗病力，减轻病害。

2）化学防治

（1）药剂拌种　小麦拌种是防治白粉病的有效措施之一。

药剂推荐：14% 辛硫·三唑酮乳油 300 ~ 400 克 /100 千克种子，或 20.80% 甲柳·三唑酮乳油 50 ~ 150 克 /100 千克种子，或 10% 唑酮·甲拌磷拌种剂 800 ~ 1 000 克 /100 千克种子。

（2）药剂喷雾　在发病初期喷药防治。30% 吡醚·戊唑醇悬浮剂 20 ~ 25 毫升 / 亩，或 36% 丙环·咪鲜胺悬浮剂 40 ~ 50 毫升 / 亩。

（二）小麦锈病

小麦锈病病害主要发生于叶片，也可侵染叶鞘、茎秆和穗部。在叶片上产生病斑，上生黄色或红褐色粉状物，有小麦条锈（图 5-8）、小麦叶锈（图 5-9）和小麦秆锈病（图 5-10）三种或混生（图 5-11）。

图 5-8　小麦条锈病

图 5-9　小麦叶锈病

图 5-10　小麦秆锈病

图 5-11　条锈病、叶锈病混生

1. **发病规律**　小麦发生条锈病后，叶绿素被破坏，养分被消耗，水分蒸腾增加，小麦生长发育受到严重影响，引起穗数、穗粒数减少，千粒重降低，品质变差。春季小麦条锈病流行有两种情况：

一种是以本地越冬菌源为主，主要因为大面积感病品种存在、有一定数量的越冬菌源、3～5月一定雨量、早春气温回升快。

另一种是经大气传播的外来菌源较多情况下，可引起中后期大流行，且具暴发性，应引起特殊重视。

2. 防治措施

1）农业防治　因地制宜种植抗病品种，这是防治小麦锈病的基本措施；小麦收获后及时翻耕灭茬，消灭自生麦苗，减少越夏菌源；搞好大区抗病品种合理布局，切断菌源传播途径。

2）药剂防治

（1）药剂拌种　药剂推荐：25% 三唑醇干拌剂 150 克 /100～110 千克种子，或 24% 唑醇·福美双悬浮种衣剂 833 克 /100～125 千克种子。

（2）药剂喷雾　发病初期，在叶面进行均匀喷雾。

药剂推荐：250 克 / 升粉唑醇悬浮剂 16～24 毫升 / 亩，或 20% 氟环·多菌灵悬浮剂 70～90 毫升 / 亩，或 30% 己唑醇悬浮剂 5～9 毫升 / 亩，或 30% 醚菌酯悬浮剂 50～70 毫升 / 亩，或 20% 烯肟·戊唑醇悬浮剂 13～20 毫升 / 亩，或 19% 啶氧·丙环唑悬浮剂 53～70 克 / 亩，或 30% 氟环·嘧菌酯悬浮剂 40～45 毫升 / 亩，或 35% 甲硫·氟环唑悬浮剂 90～100 毫升 / 亩，或 75% 肟菌·戊唑醇水分散粒剂 15～20 克 / 亩，或 38% 唑醚·氟环唑悬浮剂 15～25 毫升 / 亩，或 30% 唑醚·戊唑醇悬浮剂 20～25 毫升 / 亩。

（三）叶枯病

小麦叶枯病是指病菌侵染后，在小麦叶片上产生枯斑症状的一类病害。早期叶片上产生枯死病斑，或产生小黑点（图 5-12），后期病斑连片（图 5-13）造成叶片全部或部分枯死。

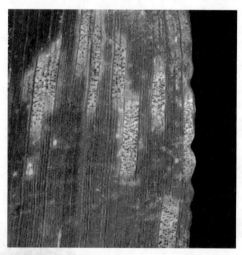

图 5-12　叶枯病叶片产生小黑点

图 5-13　叶枯病叶片病斑连片

1. **发病规律**　有多种叶枯病均由真菌寄生引起；病菌可以在种子内外、田间病残体上和自生麦苗上越夏，引起秋苗初侵染；小麦发病后，病部产生分生孢子随气流或雨水传播，引起再侵染；这些叶枯病单独或混合发生，一般可使麦田减产10%左右，重病田可减产30%以上，且使小麦品质变坏。

2. **防治措施**　小麦叶枯病防治，应以农业措施提高植株的抗病能力为主，结合药剂防治进行。

1）农业防治　种植抗病品种，各地应因地制宜地推广种植抗病性强的品种，淘汰高感品种；加强田间管理，避免病菌传播；合理密植，科学施肥。

2）药剂防治

（1）药剂拌种　对于造成苗期危害的可采用药剂拌种。

药剂推荐：50% 福美双可湿性粉剂 200～300 克/100 千克种子，或 33% 三唑酮·多菌灵可湿性粉剂 200 克/100 千克种子，或 12.5% 烯唑醇可湿性粉剂 120 克/100 千克种子。

（2）药剂喷雾　田间喷雾防治，在发病初期（4月中下旬）喷施 15% 粉锈宁可湿性粉剂 100 克/亩，或 80% 多菌灵粉剂 50 克/亩，或 75% 百菌清可湿性粉剂 100～125 克/亩，或 20% 三唑酮乳油 100 毫升/亩，或 50% 甲基硫菌灵可湿性粉剂 30～40 克/亩，或 12.5% 烯唑醇可湿性粉剂 10～30 克/亩。

三、根茎部病害

（一）根腐病

小麦根腐病主要危害小麦的根、茎、叶、穗和种子，各个生长发育期均可发病，表现为根部腐烂、叶片出现病斑、茎枯死、穗茎枯死等症状。苗期发病时，小麦芽鞘和根部变褐色甚至严重到腐烂（图5-14）。发病轻的植株苗弱，发病严重的幼芽不能出土，进而枯死；分蘖期发病根茎部出现褐色病斑，叶鞘变褐色腐烂，无效分蘖增多，严重时幼苗枯死；生长后期发病，病株易拔起，但不见根系腐烂，引起倒伏和形成"白穗"（图5-15）。

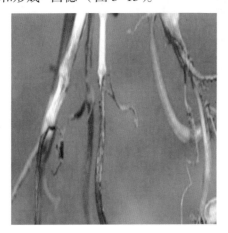

图 5-14　根腐病受害根须

图 5-15　根腐病危害形成"白穗"

1. **发病规律**　春季气温不稳定，返青期遇寒流，麦苗受冻后抗病能力下降，易诱发根腐病，造成大量死苗；小麦抽穗以后遇高温多雨或多雾天气，有利于根腐病菌孢子萌发侵染，病害发生严重，导致叶片早枯；小麦开花以后遇持续高温多湿天气穗腐重，种子感病率高。

2. **防治措施**

1）农业防治　选用抗病品种；加强栽培管理，提高播种质量，配方施肥，防治苗期地下害虫。

2）药剂防治

（1）药剂拌种　30%嘧·咪·噻虫嗪悬浮种衣剂333~500克/100千克种子，或25克/升咯菌腈悬浮种衣剂150~200毫升/100千克种子，或4%咯菌·噻霉酮悬浮种衣剂125~175克/100千克种子，或23%戊唑·福美双悬浮种衣剂250克/100~138千克种子，或27%苯醚·咯·噻虫悬浮种衣剂400~600克/100千克种子。

（2）药剂喷雾　苗期发病初期，用250克/升丙环唑乳油33~37毫升/亩喷淋，水易多，处于淋溶状态。

（二）茎基腐病

基部1~2节叶鞘和茎秆受侵染，严重的第三节叶鞘也受害，根茎基部叶鞘颜色逐渐为暗褐色，节间受侵染变褐、易折断，严重染病的田块陆续出现死苗（图5-16）。该病发病初期与纹枯病极其相似，但发病后期没有云纹状典型病斑（图5-17），通常第一叶鞘发病严重，第二叶鞘次之，并逐渐向上发展。

小麦茎基腐病与其他"白穗"病症区别：在茎基部根腐病和赤霉病无明显病症；纹枯病有波纹病斑；全蚀病有"黑膏药"状菌丝体。

图5-16　茎基腐病一

图5-17　茎基腐病二

1. **发病规律**　4月上旬该病发病趋势将开始上升，至5月上中旬病情将达到第二个显症高峰期，对产量影响较大。小麦茎基腐病呈现逐年加重趋势，由零星病株扩展为成片发病，再扩展为连片发病。小麦茎基腐病可致小麦减产10%~70%。

2.防治措施

1）农业防治

（1）轮作换茬　重病田改种大蒜、大葱、棉花、大豆等经济作物。

（2）选用抗病品种　以培育壮苗为中心。如适期适量播种,增施磷、钾肥和锌肥,及时防治地下害虫,适时浇水补墒。

（3）清理病残体　在夏收或秋收时,将小麦秸秆或玉米秸秆清出病田。

2）药剂防治　种子包衣或药剂拌种。

①种子包衣。用20%苯醚·咯·噻虫种子处理悬浮剂50毫升对水0.5~0.75千克,包50千克种子,或用4.8%苯醚·咯菌腈悬浮种衣剂150毫升+70%噻虫嗪种子处理可分散粉剂100毫升,包50千克种子。

②药剂拌种。用多菌灵+苯醚甲1.7环唑（1：1）1：500,或多菌灵+嘧菌酯（1：1）1：500。

③结合耕翻整地用多菌灵、代森锰锌、甲基硫菌灵、高锰酸钾等药剂处理土壤。

④在小麦返青起身喷药控制。用噁霉灵、甲霜噁霉灵或戊唑醇、苯醚甲环唑或咯菌腈、嘧菌酯等对水顺垄喷雾,控制病害扩展蔓延。

（三）纹枯病

小麦感染纹枯病后,幼苗叶鞘出现中部灰白、边缘褐色的病斑（图5-18）,叶片渐呈暗绿色水渍状,以后枯黄,病重时死苗。拔节后茎基部叶鞘出现中部灰白、边缘褐色的云纹状斑（图5-19）。病斑扩大相连形成典型的花秆症状。由于花秆烂茎（图5-20）,常引起小麦倒伏,或主茎和分蘖抽不出穗,成为枯孕穗,或抽穗后形成枯白穗。

图5-18　纹枯病小麦叶鞘受害　　图5-19　纹枯病小麦茎部受害　　图5-20　纹枯病小麦花秆烂茎

1.发病规律　小麦纹枯病菌以菌核或附着于病残体上的菌丝在土壤中长期存活,侵染小麦根茎部。

纹枯病的流行过程包括冬前始病期—越冬静止期—返青期病株率上升期—病位上移期—发病高峰期等几个连续阶段。

小麦群体过大，肥水过多，田间湿度大等，有利于纹枯病发生。

2. 防治措施 以农业措施结合化学药剂防治综合进行。

1）农业防治 选用抗病和耐病品种。适期适量播种，增施有机肥和磷、钾肥，及时排灌降低田间湿度等都对控制纹枯病起一定作用。

2）药剂防治

（1）药剂拌种 5%苯甲·戊唑醇种子处理悬浮剂55～70毫升/100千克种子，或20%多·福·唑醇悬浮种衣剂2千克/100千克种子，或4%咯菌·嘧菌酯种子处理微囊悬浮剂100～150克/100千克种子。

（2）药剂灌根 可用1亿孢子/克木霉菌水分散粒剂50～100克制剂/亩灌根。

（3）药剂喷雾 75%肟菌·戊唑醇水分散粒剂15～20克/亩，或5%井冈·三唑酮悬浮剂80～133克/亩，或50%苯甲·丙环唑水乳剂12～18毫升/亩，或10%己唑醇悬浮剂15～20毫升/亩，或40%唑醚·氟环唑悬浮剂20～25毫升/亩，或25%噻呋·吡唑酯悬浮剂24～29克/亩，或75%戊唑·嘧菌酯水分散粒剂10～15克/亩，喷雾防治。

（四）全蚀病

小麦全蚀病又称小麦立枯病、黑脚病，是一种由真菌侵染引起的根部病害，病苗根和地下茎变黑腐烂（图5-21）。分蘖前后，基部老叶变黄，分蘖减少，生长衰弱，严重的枯死。在抽穗灌浆期，茎基部变黑腐烂愈益明显，形成典型的黑脚症状，叶鞘易剥离，内侧和茎基表面黑色。由于根部和茎基腐烂，植株早枯，形成"白穗"（图5-22），穗不实或秕粒。

图5-21 全蚀病小麦根部受害　　　　图5-22 全蚀病受害导致"白穗"

1. 发病规律 在土壤中长期存活的病原菌，是主要的侵染源。混有病残体的种子是远距离传播的主要途径；小麦从幼苗至抽穗均可侵染，但以苗期最易受侵染，造成的损失也最重；土质松散、碱性、有机质少，缺磷、缺氮、肥力低下的土壤发病均重；一块地从零星发生到成片死亡，只需3年，发病地块一般减产10%～20%，重者50%以上，甚至绝收。

2.防治措施 小麦全蚀病防治，要分类进行：无病区防止传入；初发区采取扑灭措施；老病区采用以农业措施为基础，积极调节作物生态环境，辅以药剂防治的综合防治措施。

1）农业措施

（1）合理轮作 有水源地区稻麦轮作；旱地小麦与非寄主作物，如棉花、甘薯、烟草等轮作，可明显减轻病情；对即将衰退田，要保持小麦、玉米复种或连作，促进全蚀病自然衰退。

（2）加强田间管理 增施有机肥，深耕细耙，及时中耕，加强肥水管理等都可减轻病情。

2）药剂防治

（1）土壤处理 70%甲基硫菌灵可湿粉剂，或50%多菌灵可湿粉剂，每亩2～3千克，加土20千克，混匀后施入播种沟内，防效可达70%以上。

（2）种子处理 10%硅噻菌胺悬浮种衣剂310～420克/100千克种子，或0.8%腈菌·戊唑醇悬浮种衣剂2.5～3.3千克/100千克种子。

（3）药剂喷雾 可用5亿芽孢/克荧光假单胞杆菌可湿性粉剂100～150克/亩灌根、80亿个/毫升地衣芽孢杆菌水剂60克/亩喷雾。

四、全株性病害

（一）病毒病

小麦病毒病是由病毒侵染造成的一类病害的总称。河南省小麦全株性病毒病害主要有小麦黄矮病（图5-23）、小麦丛矮病（图5-24）和小麦黄花叶病（图5-25）三种。

图5-23 小麦黄矮病　　　图5-24 小麦丛矮病　　　图5-25 小麦黄花叶病

1. 病毒病分类

1）小麦黄矮病　主要表现叶片黄化，植株矮化。叶片典型症状是新叶发病从叶尖渐向叶基扩展变黄，黄化部分占全叶的 1/3 ~ 1/2，叶基仍为绿色，且保持较长时间，有时出现与叶脉平行但不受叶脉限制的黄绿相间条纹。

2）小麦丛矮病　染病植株上部叶片有黄绿相间条纹，分蘖增多，植株矮缩，呈丛矮状。冬小麦播后 20 天即可显症，表现为心叶有黄白色相间断续的线条，后发展为不均匀黄绿条纹，分蘖明显增多。

3）小麦黄花叶病　染病后冬前不表现症状，到春季小麦返青期才出现症状，染病株在小麦 4 ~ 6 叶后的新叶上产生褪绿条纹，少数心叶扭曲畸形，以后褪绿条纹增加并扩散。

2. 发病规律

1）小麦黄矮病　由蚜虫传播，一般只在局部地区危害严重。小麦整个生育期都能发病，但一般发病愈早，植株矮化和减产愈严重。

2）小麦丛矮病　由北方禾谷花叶病毒引起。小麦、大麦等是病毒主要越冬寄主。套作麦田有利灰飞虱迁飞繁殖，发病重；冬麦早播发病重；邻近草坡、杂草丛生麦田病重；夏秋季多雨、冬暖春寒年份发病重。

3）小麦黄花叶病　由土壤中一种低等真菌传播。

3. 防治措施　小麦病毒病应采用农业防治为主，辅以药剂防治的综合防治方法。

1）农业防治

（1）选用抗耐病品种　利用抗病品种是防治病毒病最有效的措施。对病毒病一般都很容易找到相应的抗病品种，且抗性持久。

（2）栽培措施　适当迟播，避开侵染高峰时期；避免不合理的间作套种；及时中耕锄草，减少昆虫媒介数量，可减轻昆虫传播的病毒病；开沟排水，降低水位对土传病毒病有一定防治效果。加强田间管理，及时施肥，促进植株健壮生长，对于减轻症状、减少产量损失都有一定作用。

2）药剂防治

（1）小麦黄矮病　对于昆虫传播的小麦黄矮病，采用杀虫剂拌种，如 30% 噻虫嗪种子处理悬浮剂 200 ~ 400 毫升 /100 千克种子，或 70% 吡虫啉种子处理可分散粉剂 250 克 /100 千克种子。播种时喷施杀虫剂，可防治苗期蚜虫或灰飞虱传毒，如 10% 吡虫啉可湿性粉剂 25 ~ 30 克 / 亩，或 21% 噻虫嗪悬浮剂 5 ~ 10 毫升 / 亩，或 50% 抗蚜威可湿性粉剂 15 ~ 20 克 / 亩，或 2.5% 联苯菊酯微乳剂 50 ~ 60 毫升 / 亩。

（2）小麦丛矮病　主要由小麦灰飞虱传播，可用 50% 吡蚜·异丙威可湿性粉剂 25 ~ 30 克 / 亩，或 50% 吡蚜酮可湿性粉剂 8 ~ 10 克 / 亩喷洒，既可杀虫，也可防治灰飞虱入侵。

（3）小麦黄花叶病　对于土传黄花叶病，可用 0.2% 戊唑醇悬浮种衣剂 2 千克 /100 ~ 140 千克种子拌种，还可用 50% 多菌灵可湿性粉剂对土壤进行处理，防止面积扩大，也可用 0.06% 甾烯醇微乳剂 30 ~ 40 毫升 / 亩喷雾。

（二）霜霉病

小麦霜霉病是一种真菌性病害，苗期染病病苗矮缩，叶片淡绿或有轻微条纹状花叶（图 5-26）。返青拔节后染病叶色变浅，并现黄白条形花纹，叶片变厚，皱缩扭曲，病株矮化，不能正常抽穗或穗从旗叶叶鞘旁拱出（图 5-27），弯曲成畸形龙头穗。染病较重的病株千粒重平均下降 75.2%。

图 5-26　霜霉病危害叶片　　　　　　　　图 5-27　霜霉病危害麦穗

1. 发病规律

☞以土壤传播为主，也可由种子传播。

☞病菌喜欢温暖潮湿的条件，高湿度特别是淹水情况下对发病有利。

☞气温偏低利于该病发生，地势低洼、稻麦轮作田易发病。

☞耕作粗放、土壤通透性不良的麦地有利于发病。

2. 防治措施

1）农业措施　发病重的地区或田块实行轮作，应与非禾谷类作物进行 1 年以上轮作；健全排灌系统，严禁大水漫灌，雨后及时排水防止湿气滞留，发现病株及时拔除。

2）药剂防治

（1）药剂拌种　播前用 33% 多·酮可湿性粉剂 3 克 /100 ~ 150 千克种子拌种，晾干后播种。

（2）药剂喷雾　必要时在播种后喷洒 50% 硫黄·三唑酮悬浮剂 100 ~ 160 克 / 亩，或 50% 多菌灵可湿性粉剂 125 ~ 150 克 / 亩，或 70% 甲基硫菌灵可湿性粉剂 70 ~ 90 克 / 亩，或 30% 多·酮可湿性粉剂 100 ~ 150 克 / 亩。

第二节　小麦虫害种类与防治

目前，我国小麦已知虫害种类有 237 种，分属 11 目 57 科，其中常见虫害有 37 种。河南麦区发生危害的虫害种类主要有以下 6 种：一是危害麦株地下部分的地下害虫，如金针虫、蛴螬、蝼蛄等；二是刺吸叶、茎部和穗部汁液的害虫，如红蜘蛛、麦蚜等；三是钻蛀茎秆的害虫，如麦秆蝇等；四是取食叶片的害虫，如黏虫、麦叶蜂、草地贪夜蛾等；五是潜叶的害虫，如潜叶蝇等；六是危害花器、吸食麦浆的害虫，如麦红吸浆虫等。

一、危害麦株地下部分的地下害虫

（一）地下害虫种类

1. 金针虫　金针虫是杂食性害虫，俗称叩头虫、铁丝虫、黄蚰蜒等。河南省麦田金针虫的种类主要有：

1）沟金针虫（图 5-28）　旱作区的粉沙壤土和粉沙黏壤土地带发生。

2）细胸金针虫（图 5-29）　水浇地、潮湿低洼地和黏土地带常见。

图 5-28　沟金针虫　　　　　　　　图 5-29　细胸金针虫

金针虫主要危害小麦、玉米、花生、薯类、豆类、棉等作物。在土中危害新播种子，咬断幼苗，并能钻到根和茎内取食。也可危害林木幼苗。在南方危害甘蔗幼苗的嫩芽和根部。

生活史较长，需 3～6 年完成 1 代，以幼虫期最长；幼虫老熟后在土内化蛹，羽化成虫。有些种类即在原处越冬，翌年春三四月成虫出土活动，交尾后产卵于土中。幼虫孵化后一直在土内活动取食，以春季危害最烈，秋季较轻。

2. 蛴螬　蛴螬是金龟子的幼虫（图 5-30），杂食性，几乎危害所有的农作物。主要咬断小麦根部，俗称白土蚕、地狗子等。成虫俗称瞎碰、金蜣螂、暮糊虫等（图 5-31）。

图 5-30　金龟子幼虫——蛴螬

图 5-31　金龟子成虫

对小麦危害比较严重的有暗黑鳃金龟、华北大黑鳃金龟、铜绿丽金龟。危害期从小麦播种开始危害种子、种芽及幼苗，一直延续到初冬，春季从返青、拔节一直到乳熟期。蛴螬幼虫终生栖居土中，喜食刚刚播下的种子、根、块根、块茎以及幼苗等，造成缺苗断垄；成虫则喜危害果树、林木的叶和花器。

3. 蝼蛄　蝼蛄属直翅目蝼蛄科，俗称啦蛄、啦啦蛄、土狗等。蝼蛄种类在世界上记载的有 50 多种。河南省有华北蝼蛄（图 5-32）和东方蝼蛄（图 5-33）。蝼蛄食性极杂，主要危害小麦、玉米等禾本科，其次是油菜等十字花科，棉、烟、麻、豆与果木的幼苗、种子、种芽、块根、块茎等，几乎包括了所有的农作物。

图 5-32　华北蝼蛄

图 5-33　东方蝼蛄

蝼蛄危害小麦的时间很长，从播种开始危害种子、种芽及幼苗，一直延续到初冬，春季从返青、拔节一直到小麦乳熟期。冬前每头华北蝼蛄可危害麦苗 15 ~ 48 株，平均 32 株；春季危害 21 ~ 107 株，平均 59 株。且因蝼蛄穿行活动，使麦根"桥空"（架空）或切断小麦根系使麦株枯死，危害更为严重，轻者缺苗断垄，严重地块重播毁种。

（二）地下害虫防治措施

1. 农业防治

1）土壤措施　开荒改土，开沟排水，兴修水利，铺淤压沙，平整土地，精耕细作，深耕多耙，铲除杂草，大搞农田基本建设，可有效地控制各种地下害虫的危害。

2）高温堆肥　在麦播耕地前，各种有机肥料要经过高温堆制，使其充分腐熟后再作为基肥，可防止蛴螬等地下虫的发生。如用氨水或碳酸氢铵作基肥，则能触杀与熏死大量蛴螬、金针虫、根土蝽等地下害虫。

2. 物理防治

1）灯光诱杀　利用各种金龟、东方蝼蛄和细胸金针虫的趋光性，可在其虫活动盛期采用灯光诱杀地下害虫。

2）堆草诱杀　利用细胸金针虫成虫喜食植物幼苗断茎流出的汁液的习性，于 4 ~ 5 月可在该虫发生麦田，每亩堆出直径 50 厘米、厚 10 ~ 15 厘米的草堆 15 ~ 20 堆，并在草堆上喷施 40% 甲基异柳磷乳油 4 000 倍药液，即可杀死大量细胸金针虫成虫。

3. 化学防治

1）农药拌种　每 100 千克种子用 7.50% 甲柳·三唑醇悬浮种衣剂 1 千克，或每 100 千克种子用 17% 克百·多菌灵悬浮种衣剂 2 千克，或每 100 千克种子用 10.9% 唑醇·甲拌磷悬浮种衣剂 1 千克。

2）土壤处理　可用 0.1% 噻虫胺颗粒剂 15 ~ 20 千克/亩，或 0.08% 噻虫嗪颗粒剂 40 ~ 50 千克/亩，或 3% 辛硫磷颗粒剂 3 000 ~ 4 000 克/亩进行沟施。

3）毒谷、毒饵诱杀　每亩地用炒熟的谷子 1 ~ 1.5 千克，用 50% 辛硫磷乳剂 3 ~ 4 毫升，加水 50 ~ 100 毫升与炒熟的谷子混拌均匀和麦种同播，可防治蝼蛄并兼治蛴螬与金针虫。在夏季作物生长季节，春夏播作物的幼苗期，每亩地用麦麸 2 ~ 3 千克，与 2 ~ 3 毫升的 50% 敌百虫粉剂加水 100 ~ 200 毫升混拌均匀，在傍晚时撒施被害地里，可以防治蝼蛄，既可减轻当季作物的受害程度，又可降低麦田地下虫的发生量。

4）药水浇灌　小麦播种出苗后或翌年返青时可用 90% 敌百虫粉剂 1 500 倍溶液喷洒，或 20% 毒死蜱微囊悬浮剂 550 ~ 650 克/亩灌根。

二、刺吸叶、茎部和穗部汁液的害虫

（一）小麦红蜘蛛

小麦红蜘蛛又名麦蜘蛛、火龙、红旱、麦虱子（图5-34）是麦田常发性害虫。危害小麦始于冬前苗期，以成虫、若虫、卵在小麦分蘖丛、田间杂草和土块上越冬。当翌年春天日平均气温达8℃以上时，便开始繁殖危害。小麦红蜘蛛用刺吸式口器刺吸小麦叶片汁液，受害叶片便出现针刺状白斑，严重时整个叶片呈灰白，逐渐变黄（图5-35），叶尖干枯以至植株枯萎、死亡，造成小麦减产。

图5-34　小麦红蜘蛛

图5-35　红蜘蛛危害小麦

1. **危害规律**　小麦红蜘蛛有群集性、假死性、趋阴性，可进行孤雌生殖，成虫、若虫白天多栖息在麦叶和杂草叶背危害。

2. **防治措施**

1）农业防治　结合灌水、振落可以淹死部分小麦红蜘蛛。此外，清除田边杂草，特别是禾本科杂草，可减少虫源。

2）药剂防治　可选用20%联苯·三唑磷微乳剂20～30毫升/亩、1.5%阿维菌素悬浮剂40～80克/亩、4%联苯菊酯微乳剂30～50毫升/亩喷雾防治。

（二）麦蚜

小麦麦蚜是发生面积最大的虫害，年发生2.3亿～2.8亿亩次。以成虫、若虫吸食小麦叶、茎、嫩穗的汁液，影响小麦正常生长发育（图5-36、图5-37），严重时小麦生长停滞、不能抽穗、籽粒灌浆不饱满甚至形成"白穗"，易短期成灾。麦蚜传播多种病毒病，河南省以麦长管蚜（图5-38）、禾谷缢管蚜（图5-39）和麦二叉蚜（图5-40）为主。

图 5-36　麦蚜危害叶片

图 5-37　麦蚜危害麦穗

图 5-38　麦长管蚜

图 5-39　禾谷缢管蚜

图 5-40　麦二叉蚜

1. 危害规律　麦蚜以多种形式危害小麦，最突出的是刺吸叶片和穗粒汁液并分泌蜜露影响光合作用，造成有效穗、粒数减少，千粒重下降，减产 15% ~ 30% 并影响品质，严重时麦株提前干枯。

其次是易引发叶部病害，受蚜虫危害后生理衰弱的小麦叶片，之后叶片很易被交链孢菌分生孢子侵染而发生病害。麦蚜还是小麦黄矮病毒病的重要传毒媒介之一。

一般情况下，小麦拔节后麦蚜繁殖加快，齐穗至扬花期蚜量激增，灌浆期达高峰，其后进入衰减期。

2. 防治措施

1）生物防治　以保护麦蚜的天敌为主，麦蚜常见的天敌有瓢虫、草蛉、食蚜蝇、寄生蜂（僵蚜）。选择性杀虫剂，如抗蚜威、啶虫脒、吡虫啉等对天敌杀伤较小。

2）化学防治

（1）药剂拌种　可用药剂进行拌种，防治蚜虫并兼治其他地下害虫。可用30%噻虫嗪悬浮剂200～400毫升/100千克种子，或70%吡虫啉可分散粉剂250克/100～125千克种子，或30%噻虫胺悬浮剂470～700克/100千克种子。

（2）药剂喷雾　可用37%联苯·噻虫胺悬浮剂5～10克/亩，或10%阿维·吡虫啉悬浮剂100～150克/亩，或4%阿维·噻虫嗪超低容量液剂80～105毫升/亩，或10%吡蚜·高氯氟悬浮剂15～20克/亩，或50%氟啶虫胺腈水分散粒剂2～3克/亩，或3%高氯·吡虫啉乳油30～50克/亩，或22%高氯氟·噻虫微囊悬浮剂7.5～10克/亩，或30%联苯·吡虫啉悬浮剂2～6克/亩，或12%氯氟·吡虫啉悬浮剂13～18克/亩。

三、钻蛀茎秆的害虫

（一）麦秆蝇

麦秆蝇为双翅目，黄潜蝇科。以幼虫钻入小麦等寄主茎内蛀食危害，初孵幼虫从叶鞘或茎节间钻入麦茎，或在幼嫩心叶及穗节基部1/5～1/4处呈螺旋状向下蛀食，使小麦形成枯心、白穗、烂穗，不能结实（图5-41、图5-42）。

图5-41　麦秆蝇幼虫危害叶片

图5-42　麦秆蝇识别

1.**危害规律**　冬麦区一年发生4代，以幼虫在麦苗幼茎内越冬，成虫产卵于小麦顶端1～3片叶内，以叶基部近叶舍处较多，幼虫潜入茎内取食，苗期破坏生长点造成枯心苗。孕穗期蛀害造成"白穗"枯死，拔节至挑旗为产卵盛期。一头幼虫可危害4个幼茎。

2.**防治措施**

1）农业防治

☞加强小麦的栽培管理因地制宜深翻土地，精耕细作，增施肥料，适时早播，适当浅播，合理密植，及时灌排等一系列丰产措施可促进小麦生长发育，避开危险期，造成不利于麦秆蝇的生活条件，避免或减轻受害。

☞选育抗虫良种。

☞加强麦秆蝇预测预报，冬麦区在3月中下旬，春麦区在5月中旬开始查虫，每隔2~3天于10时前后在麦苗顶端扫网200次，当200网有虫2~3头时，约在15天后即为越冬代成虫羽化盛期，是第一次药剂防治适期。冬麦区平均百网有虫25头，即需防治。

2）化学防治　当麦秆蝇成虫已达防治指标，应马上喷施50%辛硫磷3 000倍液，或10%吡虫啉可湿性粉剂2 500倍液，或40%乙酰甲胺磷乳油2 000倍液，每次喷药必须在3天内突击完成。

四、取食叶片的害虫

（一）黏虫

小麦黏虫又称剃枝虫、五色虫、行军虫等，属于鳞翅目，夜蛾科，在我国各小麦产区都有发生。小麦黏虫的食性较杂，尤其喜食禾本科植物，主要危害小麦、水稻、甘蔗、玉米、高粱等谷类粮食作物，大发生时也危害豆类、白菜、棉花等。小麦黏虫是间歇性猖獗的杂食性害虫，常间歇成灾。大发生时，若防治不及时，可将作物叶片全部食光，造成大幅度减产甚至绝收（图5-43、图5-44）。

图5-43　小麦黏虫幼虫危害叶片　　　　图5-44　小麦黏虫成虫危害叶片

1. **危害规律**　气候因素对黏虫的发生量和发生期影响很大，尤其是温度和湿度。黏虫喜好潮湿而怕高温和干旱，高温低湿不利于成虫产卵、发育，雨水多、湿度过大可控制黏虫发生；密植、多雨、灌溉条件好、生长茂盛的水稻、小麦、谷子地，或荒草多、大的玉米、高粱地，黏虫发生量多。此外，小麦、玉米套种，有利于黏虫的转移危害，黏虫发生较重。

2. 防治措施

1）农业防治 彻底铲除地边杂草，消灭部分在杂草中越冬的黏虫，减少虫源；合理布局，实行同品种、同生产期的小麦连片种植，避免不同品种的"插花"种植；合理施肥、科学管水、适时晒田，可抑制黏虫危害，增加产量。

2）物理防治 采用杀虫灯或黑光灯诱杀成虫；根据成虫喜产卵于枯黄老叶的特性，可在田间设置高出作物的草把，后集中烧毁，可杀灭虫卵。

3）化学防治 小麦黏虫在卵孵化盛期至幼虫 3 龄前，可及时喷洒药剂防治。

药剂推荐：45% 马拉硫磷乳油 85 ~ 110 毫升 / 亩，或 77.5% 敌敌畏乳油 50 克 / 亩、25 克 / 升高效氯氟氰菊酯乳油 12 ~ 24 毫升 / 亩，或 25% 除虫脲可湿性粉剂 6 ~ 20 克 / 亩，或 50 克 / 升 S- 氰戊菊酯乳油 10 ~ 15 毫升 / 亩，或 80% 敌百虫可溶粉剂 350 ~ 700 倍液，或 10% 氯菊酯乳油 5 000 倍液。

（二）麦叶蜂

1. 特点 麦叶蜂又名齐头虫、小黏虫、青布袋虫，属膜翅目，叶蜂科，麦叶蜂。有小麦叶蜂、大麦叶蜂、黄麦叶蜂、浙江麦叶蜂 4 种，麦叶蜂幼虫危害小麦时，把叶片吃成缺口，严重时将全部叶尖吃掉。麦叶蜂 1 年发生 1 代，以蛹在土中越冬，3 月中下旬或稍早时成虫羽化，交配后用锯状产卵器沿叶背面主脉锯一裂缝，边锯边产卵，卵粒可连成一串。卵期约 10 天。4 月上旬到 5 月初幼虫发生危害，幼虫有假死性。5 月上中旬老熟幼虫入土做土茧越夏，到 10 月间化蛹越冬（图 5-45、图 5-46）。

图 5-45　麦叶峰幼虫危害叶片

图 5-46　麦叶峰幼虫危害穗部

2. 危害规律 麦叶蜂以危害小麦、大麦等禾本科植物为主。危害方式以幼虫危害麦株，从叶边缘向内咬食成缺刻，重者可将麦叶全部吃光或将麦株从其茎部咬断。

1 ~ 2 龄期危害叶片；3 龄后怕光，白天伏在麦丛中，傍晚后危害；4 龄幼虫食量增大，虫口密度大时，可将麦叶吃光，一般 4 月中旬进入危害盛期；5 月上中旬老熟幼虫入土做茧休眠至 9 ~ 10 月脱皮化蛹越冬。麦叶蜂在冬季气温偏高、土壤水分充足，春季气温温度高、土壤湿度大时大量发生，危害重。沙质土壤麦田比黏性土麦田受害重。

3.防治措施

1）农业防治 利用麦叶蜂具有以休眠蛹越冬的特点，在小麦播种前深耕破坏其化蛹越冬环境，或将休眠蛹翻至土的表层机械杀死或冻死；有条件地区实行水旱轮作，进行稻麦倒茬，可消灭危害。

2）人工捕杀 利用麦叶蜂幼虫的假死习性，傍晚时进行捕杀。

3）化学防治 用 1.8% 阿维菌素乳油 3 000 倍液均匀喷雾，也可用 2.5% 氯氟氰菊酯乳油 1 000 倍液均匀喷雾。

（三）草地贪夜蛾

草地贪夜蛾，属鳞翅目夜蛾科，是一种原产于西半球热带地区的飞蛾。2019 年 1 月，该种自缅甸传入云南省，并逐渐散播至我国南方各省市，已在 18 个省（区、市）发现。草地贪夜蛾是世界十大植物害虫之一，有特别能吃、特别能飞、特别能生、祸害特别快的特点（图 5-47）。

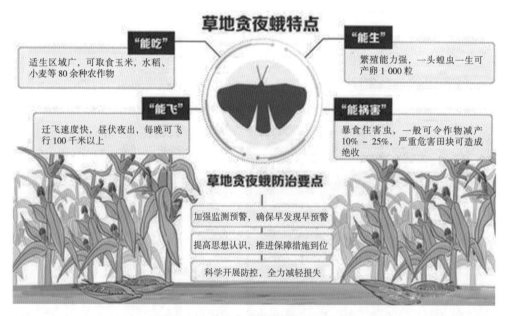

图 5-47　草地贪夜蛾特点和防治要点

1.特点 草地贪夜蛾寄主范围广，可危害超过 80 种植物，但更喜欢禾草科植物。最常危害的植物是田间玉米、高粱、小麦和杂草。当幼虫数量众多时，它们会落在优选的植物叶片上，由于其习性并大量分散，几乎消耗了所有它们占据的植被。大田作物经常受危害，包括苜蓿、大麦、荞麦、棉花、玉米、燕麦、小米、花生、水稻、黑麦草、高粱、甜菜、大豆、甘蔗、烟草和小麦。

草地贪夜蛾幼虫一般有 6 个龄期，体长 1 ~ 45 毫米。初孵虫全身绿色，有黑线和斑点。生长时，仍保持绿色或成为浅黄色，并具黑色背中线和气门线。幼虫具备 2 个主要辨识特征：一是 3 龄后头部具黄白色倒 Y 形纹，二是腹部末节背面有呈正方形排列的 4 个黑斑。成虫翅展 32 ~ 40 毫米。前翅深棕色，后翅白色，边缘有窄褐色带。雌虫前翅呈灰褐色至灰棕色，有环形纹和肾形纹；雄虫前翅灰棕色，翅顶角向内各具一大白斑，环形纹后侧各有一浅色带自翅外缘至中室，肾形纹内侧各有一白色楔形纹（图5-48）。

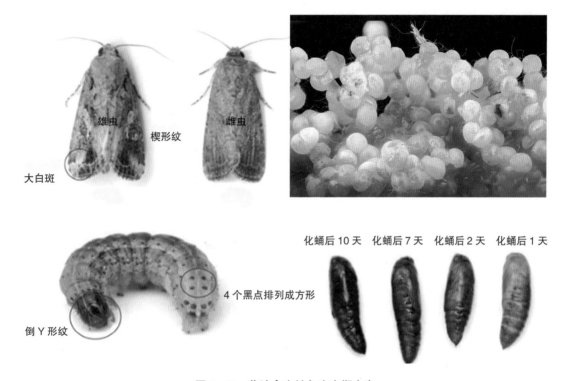

图 5-48　草地贪夜蛾各生育期虫态

2. **危害规律**　草地贪夜蛾可从小麦苗期至灌浆期持续危害，以苗期小麦最易受害。草地贪夜蛾主要取食小麦叶片及茎秆，危害严重地块可导致缺苗断垄，引起绝收。

苗期至分蘖期危害小麦的草地贪夜蛾多为低龄幼虫，拔节期危害小麦的低龄及高龄幼虫均有，抽穗至灌浆期危害小麦则以高龄幼虫为主。

适宜发育温度广，为 11~30℃。在 28℃ 条件下，30 天左右可完成一个世代；在低温条件下，需要 60~90 天完成一个世代。

在气候、寄主条件适合的中美洲、南美洲，新入侵的非洲大部分以及南亚、东南亚和我国的云南、广东、广西、海南等地，可周年繁殖。

成虫可在几百米的高空中借助风力进行远距离定向迁飞，每晚可飞行 100 千米；成虫通常在产卵前可迁飞 500 千米；如果风向风速适宜，迁飞距离会更长。

3. **防治措施**　根据草地贪夜蛾的发生发展规律，结合预测预报，因地制宜采取物理诱控、生物防治、化学防治等综合措施，强化统防统治和联防联控，及时控制害虫扩散危害。

1）物理诱控　在成虫发生高峰期，采取高空诱虫灯、性诱捕器以及食物诱杀等物理诱控措施，诱杀成虫、干扰交配，减少田间落卵量，压低发生基数，减轻危害损失。

2）生物防治　草地贪夜蛾周年繁殖区为重，采用白僵菌、绿僵菌、核型多角体病毒（NPV）、苏云金杆菌（Bt）等生物制剂早期预防幼虫，充分保护利用夜蛾黑卵蜂、螟黄赤眼蜂、蠋蝽等天敌，因地制宜采取结构调整等生态调控措施，减轻发生程度，减少化学农药使用，促进可持续治理。

3）农业防治　加强田间管理、合理施肥浇水、促进作物健康生长等措施来提高作物本身的抗虫、耐虫性。

4）化学防治　对虫口密度高、集中连片发生区域，抓住幼虫低龄期实施统防统治和联防联控；对分散发生区实施重点挑治和点杀点治。推广应用乙基多杀菌素、茚虫威、甲维盐、虱螨脲、虫螨腈、氯虫苯甲酰胺等高效低风险农药，注重农药的交替使用、轮换使用、安全使用，延缓抗药性产生，提高防控效果。

五、潜叶的害虫

（一）潜叶蝇

小麦秋苗期雌蝇用产卵器刺破返青后的小麦叶片，将卵产在麦苗第一、第二片叶端部，在麦叶中上部造成一行行类似条锈病的淡褐色针孔状斑点。幼虫孵化后，潜食叶肉。潜痕呈袋状，使叶片半段干枯。幼虫约10天老熟，爬出叶外入土化蛹越冬（图5-49、图5-50）。

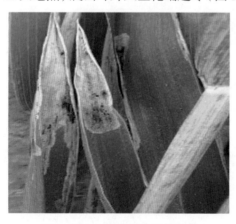
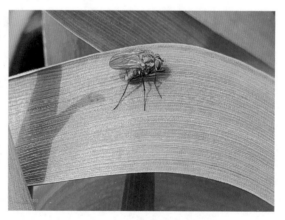

图5-49　小麦潜叶蝇幼虫危害　　　　　图5-50　小麦潜叶蝇成虫

1. **危害规律**　小麦潜叶蝇在华北部分麦田经常发生危害，被害株率一般在10%～20%。潜入叶中的幼虫取食叶肉，使小麦仅存表皮，造成减产。

小麦潜叶蝇主要在小麦返青后发生危害，小麦1～4片叶被害最重，小麦拔节期为发生危害盛期，持续危害到灌浆期。

以成虫防治为重点，幼虫防治为补充，抓住冬麦返青后、拔节期发生危害严重的关键时期。

2. 防治措施

1）农业防治　避免过早播种，适期晚播，适量施用氮肥，重施磷、钾肥等可减轻危害。

2）化学防治　成虫防治于成虫盛发期（小麦3～5叶期和返青期），每亩用80%敌敌畏乳油100克，加水200～300克，与20千克细土掺合拌匀，制成毒土撒施防治。幼虫防治田间受害株率达5%时，每亩用4%阿维菌素·啶虫脒50毫升，对水45千克均匀喷雾，同时可兼治麦田其他虫害。

六、危害花器、吸食麦浆的害虫

麦红吸浆虫是危害花器吸食麦浆的主要害虫，隶属于双翅目，瘿蚊科，是小麦生产上重要的农业害虫。主要以幼虫危害小麦乳熟籽粒，吸食浆液，造成秕粒、空壳而减产（图5-51、图5-52）。一般被害麦田减产30%～40%，严重者减产70%～80%，甚至造成绝收。

图5-51　麦红吸浆虫幼虫危害麦穗　　　　　图5-52　麦红吸浆虫成虫

1. 危害规律　小麦扬花前后，雨水多，湿度大，吸浆虫危害就严重。小穗稀松，麦壳薄又合得不紧，利于成虫产卵和幼虫侵入；小穗紧密，麦壳厚硬、合得紧，或抽穗快而整齐，或抽穗期能避开成虫盛发期的品种均可减少受害或不受害。壤土团粒结构好，土质松软，有相当的保水力和渗水性，且温度变化小，最适宜小麦吸浆虫的发生；黏土对其发生与生活较不利，沙土更不适宜其生活。

2. 防治措施

1）农业防治　调整作物布局，合理轮作倒茬；合理翻耕土壤，控制灌水在两年三熟的地区延迟秋播，进行浅耕暴晒，使土壤增温降湿，使刚入土的幼虫死亡。

2）生物防治　天敌对吸浆虫的发生有很大抑制作用，已知的天敌有寄生蝇、蜘蛛、蚂蚁、寄生蜂类的宽腹寄生蜂、光腹寄生蜂、背弓寄生蜂、圆腹寄生蜂等。

3）化学防治

（1）药剂土壤处理　药剂推荐：15% 毒·辛颗粒剂 300 ~ 500 克 / 亩、0.1% 二嗪磷颗粒剂 40 ~ 60 千克 / 亩。

（2）药剂喷雾　穗期喷药保护，该虫卵期较长，发生重的可连续防治 2 次。

药剂推荐：20% 联苯·三唑磷微乳剂 30 ~ 40 毫升 / 亩，或 15% 氯氟·吡虫啉悬浮剂 6 ~ 10 克 / 亩，或 10% 阿维·吡虫啉悬浮剂 12 ~ 15 毫升 / 亩。

第三节　麦田杂草识别与防治

我国农田杂草有 1 450 多种，分属 87 科 366 属，危害严重的杂草有 130 余种。其中小麦田杂草就有 40 余科近 300 种，对小麦造成严重影响的有 30 多种。正确识别杂草是做好杂草防治的前提，有利于选择正确的解决方案。

一、禾本科杂草

（一）野燕麦

1. **识别要点**　野燕麦属于禾本科，燕麦属。野燕麦幼苗的根茎处发白、表面具柔毛，无叶耳，叶面稍宽，叶片逆时针生长（图 5-53）；叶缘有侧生锐毛；叶舌有不规则齿裂；叶鞘有毛；第一真叶长 3 ~ 9 厘米，宽 3 ~ 4.5 毫米，先端急尖，有 11 条直出平行脉。株高 30 ~ 120 厘米。单生或丛生，叶鞘长于节间，叶鞘松弛；叶舌膜质透明。圆锥花序，开展，长 10 ~ 25 厘米；小穗长 18 ~ 25 厘米，花 2 ~ 3 朵（图 5-54）。

2. **生物学特性**　一年生或二年生旱地杂草，适宜发芽温度为 10 ~ 20℃。西北地区 3 ~ 4 月出苗，花果期 6 ~ 8 月。华北及以南地区 10 ~ 11 月出苗，花果期 5 ~ 6 月。

3. **防治措施**　5% 唑啉草酯乳油 60 ~ 80 毫升 / 亩，或 15% 炔草酯可湿性粉剂 20 ~ 30 克 / 亩，或 10% 精噁唑禾草灵乳油 50 ~ 60 毫升 / 亩，或 7.5% 啶磺草胺水分散粒剂 9.4 ~ 12.5 克 / 亩，喷雾防治。

（二）节节麦

1. **识别要点**　属于禾本科，山羊草属。幼苗暗绿色，基部淡紫红色；幼叶初出时卷成筒状，展开

图 5-53 野燕麦幼苗

图 5-54 野燕麦花序

后成长条形（图 5-55）；叶舌薄膜质，叶鞘边缘有长纤毛；叶片狭窄且薄；种子类似麦粒，但比麦粒秕瘦；根茎处弯着生长，俗称"打弯儿"。穗状花序圆柱形，成熟时逐节脱落（图 5-56）；外稃先端略截平而具长芒，脉仅在先端显著；颖果暗黄褐色，表面乌暗无光泽，椭圆形至长椭圆形。

2. 生物学特性 节节麦以种子繁殖，是一年生草本植物，秆高可达 40 厘米，5 ~ 6 月开花结果。

3. 防治措施 30 克 / 升甲基二磺隆可分散油悬浮剂 20 ~ 35 毫升 / 亩，喷雾防治。

图 5-55 节节麦幼苗

（三）雀麦

1. 识别要点 属禾本科，雀麦属。雀麦幼苗基部红褐色，有白色茸毛，叶面细窄，叶缘和叶鞘都有茸毛（图 5-57）；第一片真叶呈带状披针形，长 3 ~ 4 厘米，宽 1 毫米，先端尖锐，有 13 条直出平行脉。须根细而稠密；秆直立，丛生，株高 30 ~ 100 厘米。叶鞘紧密抱茎，被白色柔毛，叶舌透明膜质，顶端具不规则的裂齿；叶片均被白色柔毛。圆锥花序开展（图 5-58），向下弯曲，分枝细弱；小穗幼时圆筒状，成熟后扁平，颖披针形，具膜质边缘。

图 5-56 节节麦花序

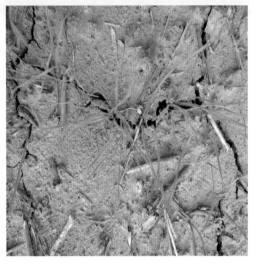

图 5-57 雀麦幼苗　　　　　　　　　　图 5-58 雀麦花序

2. 生物学特性　种子繁殖，越年生或一年生草本，早播麦田10月初发生，10月上中旬出现高峰期。花果期5~6月，种子经夏季休眠后萌发，幼苗越冬。

3. 防治措施　70%氟唑磺隆水分散粒剂3~4克/亩，或5%唑啉草酯乳油60~80毫升/亩，或30克/升甲基二磺隆可分散油悬浮剂20~35毫升/亩，喷雾防治。

（四）看麦娘与日本看麦娘

1. 识别要点　禾本科，看麦娘属，均为圆锥花序。

1）看麦娘　株高15~40厘米，秆疏丛生，基部膝曲，叶鞘光滑，短于节间；叶舌膜质，叶片扁平，圆锥花序圆柱状，灰绿色，小穗椭圆形或卵状长圆形，颖膜质，基部互相连合，脊上有细纤毛，侧脉下部有短毛；外稃膜质，先端钝，等大或稍长于颖，下部边缘互相连合，隐藏或稍外露；花药橙黄色（图5-59）。

图 5-59 看麦娘

2）日本看麦娘　株高20~50厘米，叶鞘松弛；叶舌膜质，长2~5毫米；叶片上面粗糙，下面光滑，长3~12毫米，宽3~7毫米。圆锥花序圆柱状，长3~10厘米，宽4~10毫米；小穗长圆状卵形，长5~6毫米，芒长8~12毫米，颖果半椭圆形，长2~2.5毫米（图5-60）。

2. 生物学特性

1）看麦娘　种子繁殖，越年生或一年生草本，苗期11月至

图 5-60 日本看麦娘

第二年 2 月,花果期 4 ~ 6 月。

2)日本看麦娘　种子繁殖,一年生或二年生草本,其生物学特性与看麦娘相似。

3. **防治措施**　7.5% 啶磺草胺水分散粒剂 9.4 ~ 12.5 克 / 亩,或 30 克 / 升甲基二磺隆可分散油悬浮剂 20 ~ 35 毫升 / 亩,或 70% 氟唑磺隆水分散粒剂 3 ~ 4 克 / 亩,或 50% 异丙隆可湿性粉剂 120 ~ 180 克 / 亩,或 5% 唑啉草酯乳油 60 ~ 80 毫升 / 亩,或 15% 炔草酯可湿性粉剂 20 ~ 30 克 / 亩,喷雾防治。

(五)硬草

1. **识别要点**　硬草属,秆直立或基部卧地(图 5-61),株高 15 ~ 40 厘米,节较肿胀。叶鞘平滑,有脊,下部闭合,长于节间;叶舌干膜质,先端截平或具裂齿;圆锥花序较密集而紧缩(图 5-62),坚硬而直立,分枝孪生,1 长 1 短,小穗,粗壮而平滑,直立或平展,小穗柄粗壮。

图 5-61　硬草幼苗

图 5-62　硬草花序

2. **生物学特性**　一年生或二年生草本,早播麦田 10 月初发生,10 月上中旬出现高峰期,花果期 4 ~ 5 月,种子繁殖,种子经夏季休眠后萌发,幼苗越冬。

3. **防治措施**　30 克 / 升甲基二磺隆可分散油悬浮剂 20 ~ 35 毫升 / 亩,或 5% 唑啉草酯乳油 60 ~ 80 毫升 / 亩,或 50% 异丙隆可湿性粉剂 120 ~ 180 克 / 亩,或 15% 炔草酯可湿性粉剂 20 ~ 30 克 / 亩,喷雾防治。

(六)早熟禾

1. **识别要点**　早熟禾属。植株矮小,秆丛生,直立或基部稍倾斜,细弱,株高 7 ~ 25 厘米(图 5-63)。叶鞘光滑无毛,常自中部以下闭合,长于节间,或在中部的短于节间;叶舌薄膜质,圆头形,叶片柔软,先端船形。圆锥花序开展,每节有 1 ~ 3 个分枝;分枝光滑,颖果呈纺锤形(图 5-64)。

图 5-63　早熟禾幼苗　　　　　　　　　图 5-64　早熟禾麦田危害

2. **生物学特性**　一年生或冬性禾草，种子繁殖，花期 4 ~ 5 月，果期 6 ~ 7 月，生长速度快，竞争力强，再生力强。

3. **防治措施**　7.5% 啶磺草胺水分散粒剂 9.4 ~ 12.5 克 / 亩，或 30 克 / 升甲基二磺隆可分散油悬浮剂 20 ~ 35 毫升 / 亩，或 50% 异丙隆可湿性粉剂 120 ~ 180 克 / 亩，喷雾防治。

（七）多花黑麦草

1. **识别要点**　禾本科，秆直立，具 4 ~ 5 节。叶鞘疏松；叶舌长达 4 毫米；叶片扁平，无毛，上面微粗糙。穗形总状花序直立或弯曲；穗轴柔软，节间无毛，上面微粗糙；小穗含小花；小穗轴节间平滑无毛；颖披针形，质地较硬；外稃长圆状披针形，具 5 脉，顶端膜质透明；脊上具纤毛。颖果长圆形，长为宽的 3 倍（图 5-65）。

2. **生物学特性**　一年生，越年生或短期多年生，花果期 7 ~ 8 月，喜温润气候，耐低温、耐盐碱。

3. **防治措施**　5% 唑啉草酯乳油 60 ~ 80 毫升 / 亩，或 15% 炔草酯可湿性粉剂 20 ~ 30 克 / 亩，或 7.5% 啶磺草胺水分散粒剂 9.4 ~ 12.5 克 / 亩，喷雾防治。

图 5-65　小麦田多花黑麦草危害

（八）鹅观草

1. **识别要点**　为禾本科鹅观草属下的一个种，是一种常见的草本植物，茎和叶子带紫色，有香气，花紫色或绿色。春季返青早，穗状花序弯曲下垂（图5-66）。

2. **生物学特性** 叶片扁平，长 5 ~ 40 厘米，宽 3 ~ 13 毫米。穗状花序长 7 ~ 20 厘米，弯曲或下垂；小穗绿色或带紫色，长 13 ~ 25 毫米，含 3 ~ 10 小花，翼缘具有细小纤毛。

3. **防治措施** 15%炔草酯可湿性粉剂20 ~ 30克/亩，喷雾防治。

（九）蜡烛草

1. **识别要点** 一年生禾本科植物，叶片扁平。圆锥花序紧密呈柱状，形似蜡烛（图5-67），幼时绿色，成熟后变黄色；小穗倒三角形，含 1 朵小花，花期 4 月。

2. **生物学特性** 喜温暖、湿润的气候，抗旱能力较差。在潮湿的壤土或黏土中生长最为茂盛，耐洼地水湿，不耐盐碱。

3. **防治措施** 5%唑啉草酯乳油 60 ~ 80 毫升/亩，或 15%炔草酯可湿性粉剂 20 ~ 30 克/亩，或 10% 精噁唑禾草灵乳油 50 ~ 60 毫升/亩，喷雾防治。

（十）棒头草

1. **识别要点** 棒头草是一种农田常见杂草，秆丛生，基部膝曲，大都光滑（图5-68），株高 10 ~ 75 厘米。叶鞘光滑无毛，大都短于或下部者长于节间；叶舌膜质，长圆形，长 3 ~ 8 毫米，常 2 裂或顶端具不整齐的裂齿；叶片扁平，微粗糙或下面光滑，长 2.5 ~ 15 厘米，宽 3 ~ 4 毫米。圆锥花序穗状，长圆形或卵形。主要危害小麦、油菜、绿肥和蔬菜等作物。

2. **生物学特性** 种子繁殖，一年生草本，以幼苗或种子越冬；颖果椭圆形，一面扁平，长约 1 毫米。花果期 4 ~ 9 月。

3. **防治措施** 5%唑啉草酯乳油 60 ~ 80 毫升/亩，或 15%炔草酯可湿性粉剂 20 ~ 30 克/亩，或 10% 精噁唑禾草灵乳油 50 ~ 60 毫升/亩，喷雾防治。

（十一）菵草

1. **识别要点** 禾本科、菵草属，秆直立，叶鞘无毛，多长于节间（图5-69）；叶舌透明膜质，叶片扁平，粗糙或下面平滑。圆锥花序分枝稀疏，直立或斜升；小穗扁平，圆形，灰绿色；颖草质；

图 5-66　鹅观草

图 5-67　蜡烛草

图 5-68　棒头草

边缘质薄，白色，背部灰绿色，具淡色的横纹；外稃披针形，常具伸出颖外之短尖头；花药黄色，颖果黄褐色，长圆形，先端具丛生短毛。

2. **生物学特性** 一年生植物，花果期 4～10 月。适生于水边及潮湿处，为长江流域及西南地区稻茬麦和油菜田主要杂草，尤在地势低洼、土壤黏重的田块危害严重。

3. **防治措施** 50% 异丙隆可湿性粉剂 120～180 克/亩，或 5% 唑啉草酯乳油 60～80 毫升/亩，或 40% 三甲苯草酮水分散粒剂 65～80 克/亩，或 15% 炔草酯可湿性粉剂 20～30 克/亩，或 30 克/升甲基二磺隆可分散油悬浮剂 20～35 毫升/亩，喷雾防治。

图 5-69　菵草

二、阔叶杂草

（一）播娘蒿

1. **识别要点** 十字花科，播娘蒿属。株高 30～100 厘米，上部多分枝（图 5-70）；叶互生，下部叶有柄，上部叶无柄，2～3 羽状全裂；总状花序顶生（图 5-71），花多数；萼片 4，直立；花瓣 4，淡黄色；长角果。

图 5-70　播娘蒿幼苗

图 5-71　播娘蒿花序

2. **生物学特性** 一年生或二年生草本，种子繁殖，种子发芽适宜温度为 8～15℃。冬小麦区，10 月中下旬为出苗高峰期，4～5 月种子渐次成熟落地，繁殖能力较强。

3. **防治措施** 50% 吡氟酰草胺可湿性粉剂 25～35 克/亩，或 13% 2 甲 4 氯水剂 300～450 毫升/亩，或 40% 唑草酮水分散粒剂 4 ~ 6 克 / 亩，或 25% 灭草松水剂 200 毫升 / 亩，或 50 克 / 升双氟磺草胺悬浮剂 5 ~ 6/ 亩，或 10% 苯磺隆可湿性粉剂 12 ~ 18 克 / 亩，或 50% 异丙隆可湿性粉剂 120 ~ 180 克 / 亩，喷雾防治。

（二）猪殃殃

1. **识别要点**　茜草科，拉拉藤属。茎四棱形，茎和叶均有倒生细刺；叶 6 ~ 8 片轮生，线状倒披针形（图 5-72），顶端有刺尖；聚伞花序顶生或腋生（图 5-73），有花 3 ~ 10 朵；花小，花萼细小，花瓣黄绿色，4 裂；小坚果。在漯河、驻马店、信阳、南阳等地危害严重。

图 5-72　猪殃殃幼苗　　　　　　图 5-73　猪殃殃麦田危害

2. **生物学特性**　种子繁殖，以幼苗或种子越冬，二年生或一年生蔓状或攀缘状草本。于冬前 9 ~ 10 月出苗，亦可在早春出苗，4 ~ 5 月开花，果期 5 个月，果实落于土壤或随收获的作物种子传播。

3. **防治措施**　40% 唑草酮水分散粒剂 4 ~ 6 克 / 亩，或 200 克 / 升氯氟吡氧乙酸乳油 50 ~ 70 毫升 / 亩，或 175 克 / 升双氟·唑嘧胺悬浮剂 3 ~ 4.5 毫升 / 亩，或 50% 吡氟酰草胺可湿性粉剂 25 ~ 35 克 / 亩，喷雾防治。

（三）泽漆

1. **识别要点**　大戟科大戟属，株高 10 ~ 30 厘米，茎自基部分枝；叶互生，倒卵形或匙形，先端钝或微凹，基部楔形，在中部以上边缘有细齿（图 5-74）；多歧聚伞花序，顶生，有 5 伞梗；杯状总苞钟形，顶端 4 浅裂（图 5-75）。

图 5-74　泽漆幼苗　　　　　　　　　　图 5-75　泽漆花序

2. **生物学特性**　种子繁殖，幼苗或种子越冬，在河南省麦田，10 月下旬至 11 月上旬发芽，早春发苗较少。4 月下旬开花，5 月中下旬果实渐次成熟，种子经夏季休眠后萌发。

3. **防治措施**　200 克 / 升氯氟吡氧乙酸乳油 50 ~ 70 毫升 / 亩，喷雾防治。

（四）田紫草

1. **识别要点**　紫草科，紫草属。株高 20 ~ 40 厘米，茎直立或斜生，茎的基部或根的上部略带淡紫色，被糙状毛（图 5-76）；叶倒披针形或线形，顶端圆钝，基部狭楔形，两面被短糙状毛，叶无柄或近无柄；聚伞花序（图 5-77），花萼 5 裂至近基部，花冠白色或淡蓝色，筒部 5 裂；小坚果。

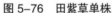

图 5-76　田紫草单株　　　　　　　　　图 5-77　田紫草花序

2. **生物学特性**　种子繁殖，一年生草本，秋冬或翌年春出苗，花期 4 ~ 5 月。

3. **防治措施** 25%辛酰溴苯腈乳油100~150毫升/亩，或25%灭草松水剂200毫升/亩，或40%扑草净可湿性粉剂80~120克/亩，喷雾防治。

（五）婆婆纳

1. **识别要点** 玄参科婆婆纳属。苞片叶状，互生，花生于苞腋，花梗细长；花萼4片，深裂，花冠淡红紫色，有深红色脉纹；蒴果近肾形（图5-78、图5-79）。

2. **生物学特性** 种子繁殖，越年生或一年生杂草，9~10月出苗，早春发生数量极少，花期3~5月，种子于4月即渐次成熟，经3~4个月的休眠后萌发。

3. **防治措施** 40%唑草酮水分散粒剂4~6克/亩，喷雾防治。

（六）佛座

1. **识别要点** 唇形科宝盖草属。株高10~30厘米；基部多分枝；叶对生，下部叶具长柄，上部叶无柄，圆形或肾形，半抱茎，边缘具深圆齿，两面均疏生小糙状毛（图5-80）；轮伞花序6~10花；花萼管状钟形，萼齿5，花冠紫红色（图5-81）。

图5-78 婆婆纳

图5-79 婆婆纳花序

图5-80 佛座单株

图5-81 佛座花序

2. **生物学特性** 一年生或二年生草本，种子繁殖。10月出苗，花期3~5月，果期6~8月。

3. **防治措施** 200克/升氯氟吡氧乙酸乳油50~70毫升/亩，或13%2甲4氯水剂300~450毫升/亩，喷雾防治。

（七）荠菜

1. **识别要点** 十字花科荠属。茎直立，有分枝，株高20~50厘米；基生叶莲座状，大头羽状分裂；茎生叶狭披针形至长圆形，基部抱茎，边缘有缺刻或锯齿（图5-82）；总状花序顶生和腋生；花瓣倒卵形、有爪，4片，白色；短角果，倒心形（图5-83）。

图5-82 荠菜幼苗　　　　　　　　图5-83 荠菜麦田危害

2. **生物学特性** 种子繁殖，种子或幼苗越冬，一年生或二年生草本，华北地区10月（或早春）出苗，翌年4月开花，5月果实成熟。种子经短期休眠后萌发，种子量很大，每株种子可达数千粒。

3. **防治措施** 50克/升双氟磺草胺悬浮剂5~6克/亩，或13%2甲4氯水剂300~450毫升/亩，或200克/升氯氟吡氧乙酸乳油50~70毫升/亩，或50%吡氟酰草胺可湿性粉剂25~35克/亩，喷雾防治。

（八）繁缕与牛繁缕

1. **识别要点** 石竹科繁缕属，株高10~30厘米。茎俯仰或上升，基部多分枝，常带淡紫红色。叶片宽卵形或卵形，顶端渐尖或急尖，基部渐狭或近心形，全缘；基生叶具长柄，上部叶常无柄或具短柄（图5-84）。

牛繁缕全株光滑，仅花序上有白色短软毛。茎多分枝，柔弱，常伏生地面。叶卵形或宽卵形，长2~5.5厘米，宽1~3厘米，顶端渐尖，基部心形，全缘或波状，上部叶无柄，基部略抱茎，下部叶有柄。花梗细长，花后下垂；苞片5，宿存，果期增大，外面有短柔毛；花瓣5，白色，2深裂几乎达基部。蒴果卵形，5瓣裂，每瓣端再2裂（图5-85）。

图 5-84　繁缕成株

图 5-85　牛繁缕成株

繁缕花瓣比萼片短（图 5-86），牛繁缕花瓣远长于萼片（图 5-87）；繁缕花柱数多为 3 枚，牛繁缕花柱数为 5 枚。

图 5-86　繁缕花序

图 5-87　牛繁缕花序

2. 生物学特性

1）繁缕　一年生或二年生草本，花期 6～7 月，果期 7～8 月。

2）牛繁缕　一年生或二年生草本，花期 4～5 月，果期 5～6 月。

3. 防治措施　13% 2 甲 4 氯水剂 300～450 毫升 / 亩，或 200 克 / 升氯氟吡氧乙酸乳油 50～70 毫升 / 亩，或 50% 吡氟酰草胺可湿性粉剂 25～35 克 / 亩，喷雾防治。

（九）小藜

1. 识别要点　藜科藜属。茎直立，株高 20～50 厘米；叶互生，具柄；叶片长卵形或长圆形，边缘有波状缺齿（图 5-88），叶两面疏生粉粒，短穗状花序，腋生或顶生（图 5-89）。

图 5-88　小藜幼苗　　　　　　　　　图 5-89　小藜花序

2. **生物学特性**　一年生草本植物，早春萌发，花期 4～5 月。

3. **防治措施**　40% 唑草酮水分散粒剂 4～6 克/亩，或 13% 2 甲 4 氯水剂 300～4500 毫升/亩，或 10% 乙羧氟草醚乳油 40～60 毫升/亩，喷雾防治。

（十）麦瓶草

1. **识别要点**　石竹科蝇子草属。有腺毛，茎单生或叉状分枝，节部略膨大；叶对生，基部连合，基生叶匙形，茎生叶长圆形或披针形（图 5-90）。花序聚伞状顶生或腋生；花萼筒状，结果后逐渐膨大成葫芦形；花瓣 5，粉红（图 5-91）。

图 5-90　麦瓶草单株　　　　　　　　图 5-91　麦瓶草花序

2. **生物学特性**　越年生或一年生草本，种子繁殖。9～10 月出苗，早春出苗数量较少，花果期 4～6 月。

3.**防治措施** 50克/升双氟磺草胺悬浮剂5~6克/亩，或10%苯磺隆可湿性粉剂12~18克/亩，或13%2甲4氯钠水剂300~450毫升/亩，喷雾防治。

（十一）小蓟

1.**识别要点** 别称刺儿菜，菊科蓟属，多年生草本，地下部分常大于地上部分，有长根茎。茎直立，幼茎被白色蛛丝状毛，有棱，株高20~50厘米，上部有分枝（图5-92），花序分枝无毛或有薄茸毛。叶互生，下部和中部叶椭圆形或椭圆状披针形，长7~10厘米，宽1.5~2.2厘米，表面绿色，背面淡绿色，两面有疏密不等的白色蛛丝状毛，顶端短尖或钝，基部窄狭或钝圆，近全缘或有疏锯齿，无叶柄（图5-93）。

图5-92 小蓟幼苗　　　　　　　　　　　图5-93 小蓟花序

2.**生物学特性** 以根芽繁殖为主，种子繁殖为辅，多年生草本，在我国中北部，最早于3~4月出苗，5~6月开花、结果，6~10月果实渐次成熟。种子借风力飞散，实生苗当年只进行营养生长，第二年才能抽茎开花。

3.**防治措施** 13%2甲4氯水剂300~450毫升/亩，或480克/升麦草畏水剂25~30毫升/亩，或25%灭草松水剂200毫升/亩，喷雾防治。

（十二）野老鹳草

1.**识别要点** 高20~60厘米，根纤细，单一或分枝，茎直立或仰卧，具棱角，密被倒向短柔毛。基生叶早枯，茎生叶互生或最上部对生；托叶披针形或三角状披针形，长5~7毫米，宽1.5~2.5毫米，外被短柔毛；茎下部叶具长柄，柄长为叶片的2~3倍，被倒向短柔毛，上部叶柄渐短；叶片圆肾形，长2~3米，宽4~6厘米，基部心形，掌状5~7裂近基部，裂片楔状倒卵形或菱形，下部楔形、全缘，上部羽状深裂，小裂片条状矩圆形，先端急尖，表面被短伏毛，背面主要沿脉被短伏毛（图5-94）。

2. **生物学特性** 一年生草本植物，花期4～7月，果期5～9月，种子繁殖。

3. **防治措施** 200克/升氯氟吡氧乙酸乳油50～70毫升/亩，或13% 2甲4氯水剂300～450毫升/亩，或40%唑草酮水分散粒剂4～6克/亩，或50克/升双氟磺草胺悬浮剂5～6克/亩，或7.5%啶磺草胺水分散粒剂9.4～12.5克/亩，喷雾防治。

图5-94　野老鹳草

三、主要草害绿色防控原则

麦田杂草的防除应以农业措施和人工防除为基础，以化学防除为主要手段，并结合其他传统的除草方法，实行绿色防控，把麦田杂草消灭在萌芽阶段或把危害控制在最低限度，达到除草增产的目的。

（一）农业措施防除

1. **耕翻灭草** 草害严重的麦田，经深翻耕作，可将大量杂草种子深埋而使其难以出苗，大大减轻一年生和多年生杂草危害，如野麦种子只要深埋15厘米以下，就难以萌芽，即使出土也生长不良、深埋30厘米以下土层，基本上不发芽。同时可将大量杂草的根、茎等翻到地表干死或冻死等，从而显著减轻杂草危害，如芦苇、莎草和刺儿菜等，深耕可破坏其根茎，翻到地表经风吹日晒干死、人工耙糖、捡拾等，明显降低危害。

2. **选种灭草** 可利用小麦种子与杂草种子大小、轻重、是否有芒、光滑与否、漂浮力等的差异，采用人工手拣、机械风选、比重筛选或水选等方法清除杂草种子，大幅减轻杂草的传播和危害，如借助过筛和风选清除小麦中野燕麦、节节麦等种子，阻止其蔓延传播危害。

3. **轮作灭草** 合理地轮作倒茬，破坏原有杂草种群的生长环境，可大大减轻杂草的危害程度，如小麦-玉米轮作改为小麦-水稻轮作，能基本防除野燕麦。野燕麦种子深埋10～20厘米稻田土中，经过30多天就会腐烂而全部丧失发芽能力。

4. **高温堆沤灭草** 高温堆沤不仅能杀死有机肥中的病原菌，还可使有机肥中夹混的大量杂草种子不能再发芽，从而减轻危害。

5. **诱发灭草** 野燕麦、泽漆发生严重的田块，可在秋作物收获后，及早耕翻土地，诱发野燕麦、泽漆出苗，待其大量出土后，用钉齿耙浅耕或用拖拉机带动圆盘耙除草，然后播种小麦，可大大压低野燕麦、泽漆的种群密度。

6. **中耕除草** 中耕除草技术简单，但针对性强，除草既干净彻底，又可促进小麦生长。中耕应在小麦越冬前和春季返青拔节期前，结合小麦田间管理进行，既能松土保墒，促进小麦快长，又能减轻杂草危害。中耕除草必须做到除早、除小、除彻底和锄细、锄匀、锄透、不漏锄。人工除草劳动强度大，有条件的最好采用机械中耕除草。

（二）人工拔除

在小麦返青至抽穗期间进行人工拔除，可有效减轻当季及翌年杂草危害。尤其是小麦种子繁育田，应高标准、严要求地进行小麦去杂去劣，确保小麦种子质量。

（三）化学防除

1.**麦田化学除草**　具有省工、省时、省力、除草效果好等优点，因而深受农民欢迎，化学除草面积逐年扩大。但如果化学除草使用不当，就容易产生防治效果不佳、对后茬作物和邻近作物产生药害等副作用。因此，必须科学、规范地使用麦田化学除草技术。科学、规范地使用化学除草技术应重点抓好"一选、二匀、三准、四看、五不"技术要点。

1）一选　指根据田间杂草类型，选择渠道正规、证件齐全且在有效期内的、安全对路的除草剂种类。对以阔叶杂草（荠菜、播娘蒿、猪殃殃、繁缕、泽漆等）为主的麦田可用氯氟吡氧乙酸、唑酮草等药剂防治；对以禾本科杂草（硬草、看麦娘、野燕麦、早熟禾、节节麦等）为主的麦田可用精噁唑禾草灵、甲基二磺隆、炔草酸、氟唑磺隆等药剂防治。混生田可混合使用：在禾本科杂草与阔叶杂草混生田，可选用阔世玛、麦极＋苯磺隆或精噁唑禾草灵＋苯磺隆等组合混用；恶性阔叶杂草与常见阔叶杂草混生的地块，可用苯磺隆＋氯氟吡氧乙酸或苯磺隆＋乙羧氟草醚或苯磺隆苯磺隆＋辛酰溴苯腈等组合混用。

为防止药害发生，一要严格按照说明书的推荐剂量使用；二要禁止或避免使用对后茬作物有药害的药剂。长残效除草剂，如氯磺隆、甲磺隆在麦田使用后易对后茬花生、玉米等作物产生药害，要禁止使用。双子叶作物对 2,4- 滴丁酯高度敏感，易引起药害，麦棉、麦菜等混作麦田避免使用 2,4- 滴丁酯以及含有 2,4- 滴丁酯成分的除草剂。

2）二匀

（1）药和水要混匀　在配制药液时，最好采用二次稀释法，即先将除草剂原药用少量水溶解，再放入药桶或药箱中，以适宜的药水比例注入大量水进行搅拌混合均匀。

（2）喷雾要均匀　喷雾要做到喷透、喷匀，不重喷、不漏喷。因此，科学喷施关键是用药均匀，必须从计量、溶解、对水、喷打等各个环节做到均匀、准确。

3）三准

（1）施药时间要准　麦田化学除草应按照"杂草冬治，冬前化学除草为主、春季化学除草为辅，以及拔节后千万不能再喷除草剂"的除草原则进行。麦田化学除草时期有播种后苗前土壤处理、冬前秋苗期和春季返青期至拔节前 3 个时期，其中，冬前化学除草是麦田化学除草的最佳时期，河南省麦区在 11 月中旬至 12 月上旬，因为这个阶段田间杂草基本出齐（一般出土 80%~90%），且草小（2~4

叶期），抗药性差，小麦苗小（3~5叶期），麦田遮蔽物少，土壤裸露面积大，杂草着药效果好，易被杀死，一次施药，基本全控，而且施药早间隔时间长，除草剂残留少，对后茬作物影响小。而农民习惯春季除草，此时杂草株龄大、抗药耐药性增强，需加大用药量，致使防治成本增加，除草剂残留多，易产生药害，影响下茬作物生长

（2）施药量要准　一般除草剂用量大时易产生药害，用量小则防效差。因此，应严格按照说明书推荐剂量使用，为保证防效，每亩用药液量一般在30~40千克水为好。

（3）施药地块面积要准　喷洒除草时，要密切关注天气变化，以防除草剂大风天气发生飘移，危害其他作物。

4）四看

（1）看苗情　即冬前分蘖期小麦3~5叶时为最佳施药时期。

（2）看草情　一般禾本科杂草每平方米50株以上、阔叶杂草每平方米10株以上就必须进行防除。最佳的草龄是2叶1心至4叶1心期，这时杂草有一定的着药面积，抗性也不大，除草效果显著。

（3）看天气　很多除草剂在高温条件下活性增强，在低温条件下活性降低，死草速度减慢，一般在日平均气温大于8℃时利于药效发挥，温度过低会影响防治效果。

（4）看土质　一般黏重地用药量要大些，以提高防效。

5）五不

（1）表层土壤过干不喷药　干旱不利于药效的发挥，若墒情不好，建议灌溉后再使用除草剂。

（2）早晨有露水不喷药　因为露水能冲淡药液浓度，降低药效。

（3）风大不喷药　风速较大，容易造成药液飘移，加快药液挥发，降低防除效果，最好选择无风或微风天气条件下施药。

（4）雨天不喷药　降水易冲刷掉药液，失去防效。

（5）温度低不喷药　日平均气温低于6℃，防除效果较差。因此，宜在日平均气温6℃以上、晴天气温高于10℃时喷药，并确保用药后7天内不遇到0℃以下霜冻低温，以提高化学除草效果，避免产生药害。

2. 使用除草剂注意事项　除草剂使用技术性强，使用不当易出现防效差、药害等问题，应科学、安全使用好除草剂，主要注意事项如下：

☞小麦田使用苯磺隆、噻磺隆等磺酰脲类除草剂最好在拔节前使用。

☞禁止使用甲磺隆、氯磺隆及其复配剂。

☞使用干悬浮剂、可湿性粉剂等较难溶性除剂时一定要进行二次稀释，保证施药均匀、确保除草效果。

☞唑草酮不能与精噁唑禾草灵等混用；2甲4氯、2,4-滴丁酯等苯氧羧酸类除草剂禁止在小麦拔节后使用，也不能与精噁唑禾草灵除草剂混用，以免降低药效。

☞一般除阔叶杂草的除草剂与除禾本科杂草的除草剂混合时，除禾本科除草剂需加量30% ~ 50%。

☞激素类药剂如 2 甲 4 氯、2，4- 滴丁酯不建议与除禾本科杂草除草剂混用。

☞除草剂不建议与叶面肥和调节剂混用，防治效果不好。

☞除草剂不建议与有机磷类农药混配。

第四节　小麦病虫害防治目标及各生育时期防治技术要点

一、防治目标

通过及时有效的防治，将小麦病虫总体危害损失率控制在 5% 以下。单个病虫危害防控：小麦条锈病控制在点片发生阶段，白粉病病叶率控制在 5% 以下，赤霉病病穗率控制在 3% 以下、病情指数控制在 10% 以下，小麦黄花叶病发病率控制在 10% 以下，麦蜘蛛虫量每 33 厘米行长控制在 200 头以下，吸浆虫土壤中幼虫每小方（10 厘米 ×20 厘米）5 头以下，穗蚜虫平均百穗蚜量控制在 500 头以下。

二、各生育时期病虫害防治技术要点

（一）播种期防治

1. **种子处理**　防蚜、防病、治虫可选用 15% 吡虫啉·毒死蜱·苯醚甲环唑悬浮种衣剂 1 250 ~ 1500 克 /100 千克种子。纹枯病发生重的田块选择 0.2% 戊唑醇悬浮种衣剂 2 000 克 /100 千克种子。全蚀病发生重的田块选择 10% 硅噻菌胺悬浮种衣剂 310 ~ 420 克 /100 千克种子。

2. **土壤处理**　地下害虫发生较重的地块，每亩可用 3% 辛硫磷颗粒剂 5 千克进行土壤处理。

（二）冬前和越冬期防治

冬前应重点搞好麦田化学除草，同时加强对地下害虫、麦黑潜叶蝇和小麦胞囊线虫病的查治。

1. **病虫害防治**

1）对部分苗期受地下虫危害较重的麦田　可每亩用 50% 辛硫磷乳油 500 毫升对水 750 千克，顺垄浇灌，防治蛴螬、金针虫。

2）麦黑潜叶蝇发生严重的麦田　每亩用 4.5% 高效氯氰菊酯水乳剂 30 毫升对水 40 ~ 50 千克喷雾，

或用 1.8% 阿维菌素乳油 3 000 ~ 4 000 倍液喷雾，同时兼治小麦蚜虫和红蜘蛛。

3）小麦胞囊线虫病发生严重的地块　每亩可用 5% 灭线磷颗粒剂 3.7 千克，在小麦苗期顺垄撒施，结合浇水，控制其危害。

2. 除草

1）农业措施　严格选种，播种前对麦种严格精选，剔除秕粒、杂粒；加强检疫，严禁从草害发生区调种，含有麦秸、麦麸的农家肥不得施用于麦田；播前深耕和轮作倒茬，对于重发生区，可在播前进行深耕，把草种翻入土壤深层，也可与蔬菜、棉花等阔叶作物轮作 2 ~ 3 年。

2）物理措施　对于杂草较少的麦田，可在每年 5 月中旬抓住禾本科杂草典型特征期进行人工拔除，包括田间、地头及路边的杂草。对发生严重的地块，要采取单打单收小麦，杜绝因收割造成田块之间的传播。

3）化学防治　麦田除草剂按施药方法可分为土壤处理（也称芽前除草剂）和茎叶处理（芽后除草剂）。

（1）土壤处理　对于猪殃殃、牛繁缕、婆婆纳、田紫草、野油菜、播娘蒿等大多数一年生阔叶杂草和部分禾本科杂草，可使用 50% 吡氟酰草胺可湿性粉剂 20 ~ 30 克 / 亩，苗期和苗后均可使用；对于冬小麦田一年生杂草，可用 33% 呋草酮·氟噻草胺·吡氟酰草胺悬浮剂 80 ~ 100 毫升 / 亩防治。

（2）茎叶处理　茎叶处理最佳防治时期：小麦幼苗期（11 月中下旬）、返青期（2 月下旬至 3 月上旬）是防治麦田杂草的最佳时期。平均气温应高于 6℃，而且在 10~15 时最好，如果土壤比较干旱时，应注意加大用水量。

①以看麦娘、日本看麦娘、菵草为优势杂草群落的稻麦轮作田，可在冬前或小麦起身返青期选用炔草酯，或唑啉草酯，或啶磺草胺或甲基二磺隆、氟唑磺隆、异丙隆防治。

②以硬草、碱茅、棒头草为优势种群沿黄稻麦轮作田，可在播后苗前或苗后早期杂草未出土时选用氟噻草胺 + 吡氟酰草胺，或三甲苯草酮或甲基二磺隆；在冬前或小麦起身期选用肟草酮、唑啉草酯或啶磺草胺防治。

③以播娘蒿、荠菜、猪殃殃、紫堇、佛座、田紫草为优势杂草种群的麦田，可选用双氟磺草胺 + 氟氯吡啶酯或 2 甲 4 氯 + 苯达松或唑草酮或吡氟酰草胺，在冬前或早春进行防治。

④以野燕麦、播娘蒿、荠菜、猪殃殃为优势杂草种群的麦田，可选用双氟磺草胺 + 氟氯吡啶酯或 2 甲 4 氯或氯氟吡氧乙酸 + 唑草酮或双氟·唑嘧胺或吡氟酰草胺，在冬前或早春进行防治。

⑤以节节麦、播娘蒿、荠菜、猪殃殃、田紫草为优势杂草种群的麦田，可选用甲基二磺隆 + 2 甲 4 氯或氯氟吡氧乙酸 + 唑草酮或灭草松，在冬前或早春进行防治。

⑥以播娘蒿、婆婆纳等阔叶杂草为优势杂草种群的麦田，可选用苄嘧磺隆 + 唑草酮或吡氟酰草胺或双氟磺草胺或唑草酮，在冬前或早春进行防治。

⑦以泽漆、播娘蒿、荠菜等混生杂草为优势杂草种群的麦田，可选用氯氟吡氧乙酸或苯磺隆 + 氯氟吡氧乙酸或苄嘧磺隆 + 乙羧氟草醚，在冬前或早春进行防治。

⑧局部以多花黑麦草为优势杂草的地块，可选用炔草酯、唑啉草酯、啶磺草胺、甲基二磺隆＋氟唑磺隆防治。

⑨局部以雀麦为优势杂草的地块，可选用氟唑磺隆、啶磺草胺、甲基二磺隆等防治。

（三）返青至拔节期防治

重点防治麦田草害和纹枯病，兼治麦蚜、麦蜘蛛，补治小麦全蚀病。

1. **早控草害**　返青期是麦田杂草防治的有效补充时期。

2. **小麦纹枯病**　2月下旬至3月上旬，当发病麦田病株率达15%时，每亩用12.5%烯唑醇可湿性粉剂20～30克，或15%三唑酮可湿性粉剂100克，或25%丙环唑乳油30～35毫升，对水50千克喷雾，隔7～10天再喷1次药，连喷2～3次。加大水量（平时用水量的2～3倍），将药液喷淋在麦株茎基部，以提高防效。

3. **蚜虫、麦蜘蛛**　当小麦33厘米单行有麦圆蜘蛛200头或麦长腿蜘蛛100头以上时，每亩可用1.8%阿维菌素乳油8～10毫升，对水40千克喷雾防治。

（四）抽穗至扬花期防治

早控条锈病、白粉病，重点防治麦蜘蛛、吸浆虫，科学预防赤霉病。

1. **麦蜘蛛**　当麦蜘蛛达到防治指标时，每亩用1.8%阿维菌素乳油8～10毫升或用4%联苯菊酯微乳剂30～50毫升／亩对水15升喷雾防治。

2. **小麦吸浆虫**　要采取蛹期防治与成虫期防治相结合的方法进行控制。

1）蛹期防治　对每平方米有虫蛹2头以上的麦田，当幼虫上升到土表活动时，每亩用4%敌·马粉剂2～3千克，或用50%辛硫磷乳油200毫升对适量水、拌细土20～25千克制成毒土，顺麦垄均匀撒施，撒后及时进行中耕浇水。

2）成虫期防治　小麦抽穗扬花期，当10网复次捕到小麦吸浆虫成虫10～25头，或用两手扒开麦垄，一眼能看到2～3头成虫时，每亩可用40%毒死蜱乳油50～75毫升，或25%高效氯氟氰菊酯乳油50毫升，或4.5%高效氯氟氰菊酯40毫升，对水15升喷雾：也可用80%敌敌畏80～100毫升拌适量麦麸或细土在傍晚均匀撒于田间，熏蒸防治。

3. **小麦条锈病、白粉病、叶枯病**　对小麦条锈病应采取"准确监测，带药查，发现点，控制一片"的策略，条锈病防治指标为病叶率10%，或白粉病防治指标为病叶率5%。防治上述病害每亩可选用15%三唑酮可湿性粉剂100克，或25%丙环唑乳油30～35克，或30%唑醚·戊唑醇悬浮剂20～25克，对水15升喷洒，间隔7～10天再喷药1次。

4. **小麦赤霉病**　小麦抽穗扬花期若天气预报有3天以上连阴雨天气，每亩可用48%氰烯·戊唑醇悬浮剂40～60克，或20%氰烯·己唑醇悬浮剂110～140克，或75%肟菌·戊唑醇水分散粒剂15～20克，或23%戊唑·咪鲜胺水乳剂40～50克，或对水15～30千克喷雾。如喷药后24小时遇雨，应及时补喷。

种植高感品种麦田，应连续喷药 2 ~ 3 次。

（五）灌浆期防治

灌浆期是多种病虫重发、叠发、危害高峰期，必须做到杀虫剂、杀菌剂混合施药，"一喷多防"，重点控制穗蚜，兼治锈病、白粉病和叶枯病。

1. **小麦蚜虫** 当穗蚜百株达 500 头或益害比在 1 ∶ 150 以下时，每亩可用 50% 抗蚜威可湿性粉剂 10 ~ 15 克，或 10% 吡虫啉可湿性粉剂 20 克，或 3% 啶虫脒 20 毫升，或 4.5% 高效氯氰菊酯 40 毫升，对水 50 千克喷雾，也可用机动弥雾机低容量（加水 15 升）喷防。

2. **小麦白粉病、锈病、蚜虫等病虫混合发生区** 可采用杀虫剂和杀菌剂混合喷药，进行综合防治。每亩可用 75% 戊唑·嘧菌酯水分散粒剂 10 ~ 15 克，或 17% 唑醚·氟环唑悬乳剂 40.4 ~ 60.8 克，或 30% 唑醚·戊唑醇悬浮剂 20 ~ 25 克，或对水 30 升，喷雾防治。

上述配方中再加入磷酸二氢钾 150 克还可以起到补肥增产的作用，但要现配现用。

3. **黏虫防治** 当发现每平方米有 3 龄前黏虫 15 头以上时，每亩用灭幼脲有效成分 3 ~ 5 克喷雾防治。

第六章　优质专用小麦减灾应变栽培技术

在气候变化的大背景下，随着成灾动力条件和孕灾环境的变化，气候异常加剧，各类气象灾害呈频发、重发、叠发趋势，对小麦产量和品质的稳定造成了重大影响。本章结合灾害发生面积、频率和小麦受害程度，介绍了河南省小麦主要气象灾害，即干旱、低温冻（寒）害、高温干热风、湿害等发生规律、危害特征和减灾应变技术。

第一节　干旱危害及应变栽培技术

河南省干旱的发生具有频率高、时间长、范围广等特征，对农业生产有很大的影响。在全球变暖的趋势下，干旱带来的危害不断加重，引发的问题越来越严重。近50年来干旱灾害受灾面积急剧扩张，严重威胁着河南省小麦的生长发育、产量和品质。

一、小麦干旱的概念与成因

（一）小麦干旱的概念

小麦干旱是指由土壤干旱或大气干旱导致小麦根系难以有效地从土壤中吸收水分，或水分难以补偿蒸腾散失，从而使植株体内水分收支平衡失调，引起生长发育异常乃至萎蔫死亡，并最终导致减产或品质降低的一种自然灾害。干旱可能发生在作物水分循环的不同环节，根据干旱发生环节的不同，可将其分为气象干旱、水文干旱和农业干旱。

1. **气象干旱**　气象干旱也称大气干旱，根据气象干旱等级的国家标准，气象干旱是指某段时间内，由于蒸发量和降水量的收支不平衡，水分支出大于水分收入而造成的水分短缺现象。气象干旱通常以降水的短缺程度作为评价指标。

2. **水文干旱**　水文干旱是指由降水和地表水或地下水收支不平衡造成的异常水分短缺现象，可以采用地表径流与其他因子组合成多因子指标以分析水文干旱。

3. **农业干旱** 农业干旱是农作物在长期无雨或少雨的情况下，由于蒸发强烈，土壤水分亏缺，体内水分平衡遭到破坏，正常生理活动受到影响，生长受损和产量降低。农业干旱在我国各地均有发生，只是程度不同而已，总体上北方重于南方。

小麦生育期间发生的干旱通常是由于土壤或大气干旱，小麦根系从土壤中吸收到的水分难以补偿蒸腾消耗，致使小麦植株体内水分收支平衡失调，正常的生长发育受到严重影响乃至死亡，并最终导致减产和品质降低。

（二）小麦干旱的成因

干旱灾害是在自然和人为因素的共同作用下形成和发展的，单纯的自然因素或人为因素都不能直接形成干旱灾害。根据区域灾害形成理论，形成干旱灾害必须具备以下三个要素：

1. **致灾因子** 对于干旱灾害而言，致灾因子主要是天然降水偏少导致干旱灾害的发生。而引起干旱的原因又包括大气环流异常、季风环流异常、海－气相互作用以及陆－气相互作用异常等。致灾因子的强度即干旱的强度，可以用时段降水量、降水距平百分率、降水十分位数等干旱强度指标或相应的概率分布函数来反映。

2. **孕灾环境** 孕灾环境是指灾害孕育发生的环境。干旱灾害孕灾环境包括自然环境和社会环境两个方面：自然环境主要包括气候条件、地理条件和水文条件；社会环境包括人口及分布、产业结构及布局、社会经济发展水平、防旱抗旱工程措施等。

3. **承灾体** 承灾体是指孕灾环境和致灾因子作用的客体，人类社会是承灾体的主体部分。对于小麦旱灾而言，承灾体是小麦。小麦主要通过根系从土壤中吸收水分，靠体内的输导系统把水输送到各个组织，其中只有很少一部用于构成新组织，绝大部分都通过叶片蒸腾到空气中。如果土壤缺水，根系吸收的水分少，而叶片蒸腾的水分较多，植株体内的水分收支便失去平衡，就会发生水分亏缺，造成干旱危害。同样，如果大气蒸发力强，蒸腾消耗的水分很多，而吸收的水分不足以补偿这种支出时，植株也会发生水分亏缺，从而造成干旱危害。

二、小麦干旱发生的时间分布

干旱在小麦整个生育期间均可发生，对小麦的生长发育和产量造成很大影响。依据小麦干旱发生的时期，可分为秋旱、冬旱和春旱。

1. **秋旱** 我国北方冬麦区雨季多集中在 7~8 月，此期降水量占年降水量的 40%~60%，若 7~8 月降水偏少，就容易形成秋旱，造成小麦底墒不足，影响麦播质量。

2. **冬旱** 北方冬季降水很少，常造成冬旱。若 10~11 月降水少，这时正是初冬季节，小麦正处在分蘖期，水分不足影响小麦分蘖，越冬前小麦头数少，根系不发达，形不成壮苗，难以保证小麦安全越冬。到了深冬若降水少，造成冬旱，小麦常因土壤水分不足加上低温导致出现冻害。

3. 春旱　北方冬麦区春雨（3~5月）只占全年降水量的 10%~15%，有些地方甚至不足 10%，正是春雨贵如油的干旱季节。如遇秋冬春连旱，加上春季温度回升快，土壤水分蒸发强烈，往往形成严重春旱。此时正处于小麦拔节至孕穗期，小麦生长发育迅速，是小麦需水关键期，此时缺水对分蘖成穗和籽粒产量影响极大。

三、小麦干旱灾害的应变调控技术

干旱是小麦主要气象灾害之一，结合河南省干旱灾害的发生特点及冬小麦生育期内的不同水分需求，干旱灾害的防御应重点从以下几个方面入手：

（一）选用抗旱品种，提高自身抗旱能力

优良品种是主动应变的基础，不同品种的抗旱性不同，合理选用良种并进行适当搭配，是提高水分利用效率、实现抗旱增产的重要措施之一。小麦品种的抗旱能力是由植株自身的生理抗性和结构特征以及品种能否把其生长发育的节奏与农业气候因素以最好地形式配合起来决定的。不同小麦品种对干旱的耐性程度是不同的。生产上可依据形态指标和生理生化指标，对各小麦品种的抗旱性进行筛选鉴定，以确定各个小麦品种的利用价值，为合理选用抗旱高产小麦品种提供科学依据。

河南省主推的小麦品种中，衡观 35 和开麦 21 抗旱性较强，西农 979 和矮抗 58 抗旱性中等，郑麦 366 和周麦 26 抗旱性较弱。衡观 35、西农 979 和矮抗 58 在受到干旱胁迫时过氧化物酶（POD）活性、过氧化氢酶（CAT）活性的降幅小于郑麦 366 和周麦 26。在轻度干旱胁迫下，有效穗数和产量降幅较大；在严重干旱胁迫下，穗粒数、千粒重和产量下降的幅度均更明显。干旱胁迫引起的小麦叶片相对含水量、株高、叶面积、干物质积累量、POD 活性的降幅和 MDA 含量的增幅与抗旱系数和抗旱指数呈显著或极显著负相关。

（二）改善土壤耕作技术，蓄积保墒

土壤里储存的能够被植物利用的水分多少，决定了作物的水分供应状况。当土壤有效水分储存量减少到一定程度时，作物就可能受到干旱危害。土壤水库储蓄水分的多少，与土层厚薄、土壤结构和耕作管理等有关。生产实践证明，采用耕翻、耙糖、镇压、中耕、保护性耕作等措施，可以大大改善土壤理化性质，提高土壤蓄水保墒的能力。在旋耕情况下及时镇压，防止土壤散墒；有深耕条件的，加深耕层达 25 厘米以上，并及时耙糖，能够增加土层储水，扩大根系吸收范围。

1. 合理进行土壤耕作　通过合理的土壤耕作措施提高土壤蓄水保墒能力，保证播种时有良好的底墒条件。一般情况下，长期不深耕的土地会形成犁底层，每 3 年左右需要进行 1 次深耕或深松。深松的主要作用是疏松土壤，打破犁底层，增强降水入渗速度和容量，作业后耕层土壤不乱，动土量少，水分蒸发减少。播前气候干旱，耕作有失墒危险时宜浅耕或镇压。镇压后的土壤耕层紧实度提高，孔

隙度变小，干土层变薄，种床墒情提高，有利于提高出苗率。在生育期间要适时进行中耕、镇压等作业，实现提墒保墒。

2. 秸秆粉碎覆盖还田 上茬作物收获后，将使用秸秆粉碎还田机粉碎后的秸秆均匀地抛撒在地面，或通过耕翻土壤翻埋到土层促进腐烂，或直接保留在地表作为地表覆盖物。秸秆粉碎还田作业一般要在作物收获完后立即进行，此时秸秆的脆性大，粉碎效果较好，容易腐烂。

3. 保护性耕作技术 保护性耕作技术是以机械化作业为主要手段，在地表有作物秸秆或根茬覆盖的情况下，通过免耕、少耕等方式播种的技术。该技术的基本特征是：不翻耕土地，地表有秸秆或根茬覆盖，免耕、少耕播种。国内外研究与实践表明，保护性耕作能有效改善土壤结构，提高土壤肥力，增加土壤蓄水、保水能力，减少土壤风蚀、水蚀，实现稳产、增产，保护生态环境，降低生产成本，提高经济效益，在有条件的地方可以推广应用。

（三）有机肥与无机肥配施和测土配方施肥

旱地干旱缺水，常与土壤瘠薄、养分缺乏、结构不良相伴出现。培肥地力和"以肥调水"等措施可以增强小麦对自然降水的利用率。在肥料施用上不仅要满足当季需求，还要兼顾培肥地力。

1. 注意有机肥与无机肥的配合施用 有机肥含有丰富的有机质，养分全面、肥效长，有利于改良土壤，提高土壤肥力，增强土壤的保水、供肥能力。有机肥肥效慢，还应适当配施速效的无机肥，使无机肥和有机肥相互促进，及时提供作物所需的营养元素。可以达到长期培肥地力与短期利用相平衡的目的。

2. 氮、磷、钾肥配方施用 尤其是旱地小麦施肥必须注意氮、磷、钾肥配合施用，需要加大磷、钾肥的比例。旱地大多数氮、磷、钾养分失调，单施氮肥或磷钾肥容易引起营养比例失调，不能充分发挥肥效。只有氮、磷、钾肥配合施用才能保持营养平衡，相互促进，从而显著提高肥效。

（四）节水灌溉

采取智能灌溉与农艺技术相结合，常规技术与计算机技术相结合，农业技术与工程技术相结合等新技术。改大水漫灌为喷灌、滴灌、畦灌。灌溉后配合中耕等农艺措施，实现节水和提高水分利用效率。

第二节 低温冻（寒）害及应变栽培技术

一、低温冻（寒）害分类

小麦冻害一般分为越冬冻害、冬季冻害和春季晚霜冻害。

（一）越冬冻害

越冬冻害是指小麦在进入越冬时发生的冻害，主要特征是部分叶片冻伤，分蘖冻死的现象很少。在越冬时气温下降过快的情况下，春性较强的小麦品种或者播种过早的旺长苗较易发生主茎冻死和大分蘖现象，播种过晚、整地质量较差地块形成的弱苗也容易遭冻害致死。

（二）冬季冻害

冬季冻害主要是小麦越冬以后发生的冻害，由于该期冻害多以叶片冻死为主要特征，因此可以通过品种筛选、适期播种及提高播种质量等措施降低其危害程度。

（三）春季晚霜冻害

春季晚霜冻害是春季小麦生理拔节后发生的冻害，由于该期气温快速回升，植株生长旺盛，抗冻能力下降，当突然遇到冷空气侵袭即可造成晚霜冻害。小麦春季晚霜冻害在黄淮地区发生频率高达30% ~ 40%。由于这一时期小麦正处由以营养生长为主转为营养生长与生殖生长并进阶段，此阶段小麦幼穗对低温非常敏感，所以此时冻害对小麦产量和品质影响较大。

二、冻害的防控技术

（一）选用抗寒品种

在品种选用上要综合考虑丰产性、抗寒性，特别是拔节后耐寒的品种，是防御冻害的前提和基础。

（二）适期播种，预防冻害

在选好抗性品种的基础上，控制好适宜的播种期和播种量是预防冻害的关键技术之一。在冬季经常遭受寒潮侵袭的地区，要严格按照各品种的适宜播种期播种，尤其是春性、弱春性品种不能播种过早。同时，还要注意施足底肥，足墒播种，合理控制播种量，促使苗齐苗壮，增强小麦的抗寒能力。

（三）提高播种质量，培育壮苗安全越冬

小麦冬前壮苗的植株体内有机养分积累多，植株土壤上部器官和分蘖节的细胞含糖量也较高，在低温情况下细胞不易结冰，所以具有较强的抗寒力。即使在遇到不可避免的温差变化剧烈的冻害情况下，其受害程度也大大低于旺苗和弱苗。

（四）加强肥水管理，及时应变

小麦拔节后植株从营养生长和生殖生长并进，逐渐转化为以生殖生长为主，满足小麦生长发育所需的养分需求，能够大大增强抵御冻害的能力。在寒流来临前浇水，可以有效增加土壤热容量，缓冲地温，减轻冻害。浇水时间应根据天气预报确定，在寒流来临前 1～2 天进行，寒流到来时立即停止，待到寒流过后天气转暖时再浇。早春小麦喷施微肥、植物生长调节剂等 2～3 遍，可增加抗逆能力，减轻冻害危害。

（五）改善田间小气候，缓冲寒流强度

农林间作、提高地表附近的温度、采用南北行向等措施，都可以使麦苗受光均匀，减少寒流气候对小麦的不利影响。

三、已受冻害麦田的补救措施

（一）及时追施速效氮肥，促进小分蘖快速生长

根据实践经验，早春 2 月小麦发生冻害后，上部绿色部分全部受冻害，分蘖节和根系仍有较强的活力，如果及时进行追肥、浇水，仍可发生分蘖、成穗，获得较高的产量。晚春小麦遭受冻害后，大分蘖幼穗冻死，小蘖穗分化进程慢，一般受影响较轻，此时及时进行追肥浇水，促进小分蘖快速生长，发育成穗，也可大大挽回损失。对于主茎和大分蘖均已冻死的麦田，可分两次追肥：第一次在田间解冻后即追施速效氮肥，每亩施尿素 10 千克；第二次在小麦拔节期，结合浇水，每亩施 10 千克尿素。一般受冻麦田，如果仅叶片冻枯没有死蘖现象，可在起身期追肥浇水，提高分蘖成穗率。

（二）加强中后期肥水管理，防止早衰

受冻小麦由于植株体的养分消耗较多，后期容易发生早衰，可在春季第一次追肥的基础上，根据苗情需要，在拔节期适量追肥，促进穗大粒多、提高粒重。

（三）加强中耕、增温保墒

施肥灌水过后，要及时进行中耕，松土保墒，破除板结。中耕能够改善土壤状况，提升地温，从而促进根系生长、增加有效分蘖。

第三节　高温干热风危害及应变栽培技术

温度过高会造成小麦的生长受到抑制。河南省多数年份一般在5月25日前后就会出现日均气温超过26℃、日最高气温超过32℃的高温天气。高温出现的频率，北部高于南部，西部高于东部，随着时间的推移，高温出现的频率逐渐增大。对晚播小麦来说，受后期高温危害的概率更高，一般为45%～75%。

一、高温危害及应变栽培技术

（一）高温对小麦产量及构成因素的影响

小麦在出苗期至分蘖期受热胁迫会减少分蘖数；拔节期至开花期的高温胁迫不仅株高降低还会使干物质总量减少，同时会使单株成穗数、穗粒数减少等，降低千粒重。虽然这个阶段的高温可以使开花期提早，但最终产量会明显降低（Tashiro et al. 1990）。王晨阳（2004）曾采用盆栽试验，将开花后（4月21日）的豫麦13植株移入人工气候箱进行高温处理。高温设置为38℃，空气相对湿度控制在80%左右，处理时间为12小时、24小时和36小时，以自然条件下生长、不接受高温处理的盆栽为对照（CK），研究了高温对小麦产量与生理性状的影响。结果表明（表6-1），高温处理12小时、24小时和36小时，不孕小穗分别较对照增加39.1%、41.3%和103.0%；穗粒数分别减少14.6%、22.8%和42.1%；粒重分别下降25.4%、34.4%和33.3%；穗粒重分别减少13.2%、33.2%和47.5%。根据方差分析结果，在高温处理12小时以上，其千粒重、穗粒数及穗粒重与正常生长的植株的差异均达到极显著水平。

表6-1　后期高温对小麦穗部性状的影响（王晨阳，2004）

处理	穗长（厘米）	不孕小穗（穗）	可孕小穗（穗）	穗粒数(粒)	千粒重（毫克）	穗粒重（克）	穗重(克)
对照	8.84	2.30	17.80	39.70	37.80	1.50	2.0
12小时	8.72	3.20	17.00	34.00	28.20**	0.96**	1.36**
24小时	9.53	3.30	17.00	29.80	24.80**	0.74**	1.25**
36小时	9.50	5.70**	12.30**	23.00**	25.20**	0.58**	1.12**

（二）高温对小麦品质性状的影响

在高温影响小麦品质方面，小麦灌浆期发生高温胁迫会显著改变小麦的品质。王晨阳、冯波等认为花后高温显著降低淀粉的峰值黏度、低谷黏度、终结黏度、稀懈值和糊化时间（表6-2）。

张洪华等研究发现，高温胁迫后小麦蛋白质含量升高，蛋白质组分中可溶性谷蛋白含量上升，不可溶性谷蛋白含量下降，面团的形成时间和稳定时间缩短；姚仪敏等研究认为，开花后连续适度高温会提高小麦籽粒蛋白质的含量、面粉湿面筋含量和沉降值，延长面团的形成时间和稳定时间，总体上显著提高了小麦品质。但冯波研究表明，灌浆期高温胁迫对不同品种小麦蛋白质含量及组分的影响不同（表6-3）。灌浆期高温胁迫使济麦22蛋白质总含量降低，不可溶蛋白含量增加，可溶蛋白、醇溶蛋白、谷蛋白含量降低，谷醇比降低；而灌浆期高温胁迫使新麦26蛋白质总含量增加，不可溶蛋白和谷蛋白含量增加，谷醇比增加，可溶蛋白、醇溶蛋白和清球蛋白含量降低。

表6-2　花后渍水、高温及其复合胁迫对小麦籽粒淀粉糊化特性的影响（王晨阳，2015）

年份	处理	峰值黏度PV (cp)	低谷黏度MV (cp)	稀懈值Breakdown (cp)	终结黏度FV (cp)	回生值Setback (cp)	糊化时间PT (min)	糊化温度Pasting temperature (℃)
2011~2012	对照	2 898.5a	1 908.0a	990.5a	3 365.5a	1 457.5ab	6.25a	62.58a
	高温	2 255.0b	1 487.5b	767.5c	2 831.5c	1 344.0b	5.95b	66.03a
	渍水+高温	2 292.0b	1 452.5b	839.5b	3 015.5bc	1 563.0a	5.95b	68.98a
2012~2013	对照	2 584.0c	898.0c	1 686.8c	2 878.2c	1 981.7b	5.02a	69.8a
	高温	1 560.0d	337.5d	1 214.6d	1 074.7d	723.7d	4.67b	70.5a
	渍水+高温	2 982.0b	1 168.8b	1 794.8b	3 083.6b	1 914.3c	4.92a	68.8a

表6-3　灌浆期高温胁迫对不同品种小麦蛋白质组分及含量的影响（冯波，2020）

品种	处理	不可溶蛋白(毫克/克)	可溶蛋白(毫克/克)	醇溶蛋白(毫克/克)	谷蛋白(毫克/克)	清球蛋白(毫克/克)	谷醇比	蛋白质含量（%）
济麦22	对照	1.28 ± 0.02a	3.05 ± 0.08a	7.22 ± 0.03a	4.34 ± 0.04a	2.18 ± 0.04a	0.60 ± 0.01a	13.74 ± 0.09a
	高温1	1.39 ± 0.01a	2.75 ± 0.06b	7.16 ± 0.06a	4.14 ± 0.04ab	2.16 ± 0.02a	0.58 ± 0.01a	13.46 ± 0.11a
	高温2	1.35 ± 0.02a	2.88 ± 0.05b	7.20 ± 0.04a	4.08 ± 0.02b	2.26 ± 0.03a	0.57 ± 0.01a	13.53 ± 0.06a
新麦26	对照	2.18 ± 0.05b	1.96 ± 0.03a	7.53 ± 0.12a	4.14 ± 0.04b	2.42 ± 0.06a	0.55 ± 0.01b	14.08 ± 0.09b
	高温1	2.80 ± 0.01ab	1.90 ± 0.03b	7.52 ± 0.09a	4.70 ± 0.01ab	2.28 ± 0.04a	0.63 ± 0.04ab	14.50 ± 0.02a
	高温2	2.93 ± 0.04a	1.92 ± 0.03ab	7.18 ± 0.04b	4.85 ± 0.02a	2.28 ± 0.01a	0.68 ± 0.04a	14.31 ± 0.03ab

（三）小麦高温危害的防御措施

1. 选用耐高温品种，提高植株抗逆能力　选用耐高温品种是抵御小麦高温危害的前提，在高温或干热风易发地区尤为重要。耐高温品种一般具有早熟、落黄好的特点，因此，在高温或干热风危害下受害轻、减产幅度小。

2. 调整播期，避免高温危害　小麦对高温的敏感期是开花期至灌浆期。开花期高温胁迫常会引起颖花的高度不育，其中正在开花的颖花受害最重。小麦植株形态，如株高、分蘖等在开花前已经形成，灌浆期（从开花到成熟阶段）的高温胁迫主要影响小麦籽粒的正常发育和品质，这个阶段是小麦产量和品质形成的关键期，同时对温度也十分敏感。灌浆期高温胁迫可以显著降低小麦穗粒数和千粒重，从而导致籽粒产量的下降（李永庚等，2005）。

Wiegand（1981）等人研究发现温度每上升1℃，灌浆时间就缩短约3.1天，单粒重约下降2.8毫克。Tashiro（1990）等研究表明，高温胁迫发生在小麦开花后3天内可诱发产生单性结实籽粒。花后第六天到第十天的高温胁迫将影响籽粒的发育。开花第一天到第三天、第五天到第七天以及第十二天到十四天的高温胁迫会加速胚乳细胞发育和分裂。通过调整播种期，避开高温期开花及灌浆是有效的防御措施。

3. 合理灌溉，缓解高温危害　灌浆期合理灌溉，能起到以水养根、以根促叶、延长叶片功能期、加快灌浆进度的作用，并可降低近地气温约2℃，是改善农田小气候、有效抵御高温危害的有效措施。

4. 加深耕层，合理施肥，综合调控　通过综合调控措施，使小麦及早进入灌浆期和蜡熟期，可达到躲避或减轻高温危害，是防御后期高温的一项重要措施。同时，加深耕作层，增施有机肥和磷、钾肥，适当控制氮肥用量，可以熟化土壤，促根系深扎，增强后期抗逆能力。

二、干热风的危害及应变栽培技术

干热风是小麦生长发育后期的一种高温低湿并伴有一定风力的气象灾害。

受干热风危害后，小麦植株蒸腾加速，导致植株体内缺水，籽粒灌浆速度降低、灌浆时间缩短，粒重降低，一般可减产10%～15%，重者甚至可减产40%～50%。预防干热风的发生、减轻灾害损失是小麦后期管理中的一项重要技术措施要求。

（一）适时播种，选用抗逆性强的品种

选用早熟、抗逆性强的丰产品种，增强小麦自身抗御干热风的能力。通过高质量播种，培育壮苗，促小麦早抽穗；合理施肥、适时浇好灌浆水，促使小麦早成熟，可以避开干热风的危害。

（二）精细耕种，奠定良好基础

加深耕作层，熟化土壤。耕深一般不少于 25 厘米，每 3 年进行 1 次 30 厘米深耕，打破犁底层、增加耕作层。同时要精细整地，达到净、细、实、平的质量标准，以利于小麦根深叶茂、高产不倒。通过增施有机肥、磷肥，适当控制底肥施氮量和苗期控水松土，促进根系下扎，提高后期抵御干热风的能力。

（三）叶面喷肥，延长叶片功能期

小麦孕穗到灌浆期叶面喷洒磷酸二氢钾、萘乙酸 1～2 次，可补充根系吸收养分的不足，有效增加植株体内的磷素和钾素，增强小麦的抗逆能力，延长叶片功能期，提高生理活性，加快灌浆速度，可有效预防和减轻干热风和青枯危害，增加穗粒数、稳定千粒重，从而提高产量和改进品质。叶面喷肥可单独使用，也可与防病治虫的农药混合喷洒，起到"一喷多防"的效果。叶面喷肥一般在 9 时以前或 16 时以后喷施，尤以 16～17 时效果最好，更有利于吸收利用。若喷后 4 小时遇到降水，必须重喷。

（四）合理灌水，减轻干热风危害

保证灌浆期土壤含有充足的水分是预防干热风危害的主要措施。小麦抽穗后如果土壤水分不足，常会导致籽粒退化、降低穗粒数和千粒重。早浇扬花灌浆水是延长叶片光合功能期、预防早衰和干热风、提高千粒重的重要技术措施。小麦扬花后 7～10 天内及时浇好灌浆水，掌握"风前不浇，有风停浇"的原则，防止后期倒伏，提高穗粒重，同时，对优质专用小麦而言，扬花后 15 天一定不能再浇水，否则将影响优质专用小麦的品质。

第四节　渍（湿）害及应变栽培技术

小麦渍（湿）害是指地面水、潜层水和地下水对小麦生长造成的危害。特别是根系密集层土壤含水量过大，使根部较长时间处于缺氧的不利环境，降低根系活力，削弱根系的吸收功能；土壤中较低的土壤氧化还原电位还会产生大量的还原性有毒物质毒害根系。营养吸收与积累下降，造成小麦生长缓慢、叶片变黄、根系腐烂甚至死亡，减产十分严重。豫南地区由于降水较多，特别是小麦水稻两熟地区，有必要建立渍害防御技术，实现稳产增收。

一、选用抗渍性好的品种，提高自身抗性

不同小麦品种间耐渍性差异较大：有些品种在土壤水分过多、氧气不足时，根系仍能正常生长，表现出对缺氧有较强的忍耐能力或对氧气需求量较少；有些品种在缺氧老根衰亡时，容易萌发较多的新根，能很快恢复正常生长；有些品种根系长期在还原物质的毒害之下仍有较强的活力，表现出较强的耐渍性。因此，选用耐渍性较强的品种，增强小麦本身的抗渍性能，是防御渍害的有效措施。

二、开好"三沟"，及时排水

在田间排水系统健全的基础上，整地播种阶段要做好田内"三沟"（畦沟、腰沟、围沟）的开挖工作，做到深沟高厢，"三沟"相联配套，沟渠相通。如果播种后起沟，沟土要及时撒开，以防覆土过厚影响出苗。出苗以后在降水或农事操作后及时清理田沟，保证沟内无积泥、积水，沟沟相通，明水（地面水）能排，暗渍（潜层水、地下水）自落。

三、适度深耕，促水下渗

深耕能破除坚实的犁底层，促进耕作层水分下渗，降低浅层水。深耕应掌握"熟土在上、生土在下、不乱土层"的原则，逐年加深，一般使耕作层深度达 23 ~ 33 厘米。严防滥耕、滥耙，破坏土壤结构，并且与施肥、排水、精耕细作、平整土地相结合，提高小麦播种质量。

有条件的地方夏作物可实行水旱轮作，改土培肥，改善土壤环境，减轻或消除渍害。

四、中耕松土，阻水上渗

稻茬麦田土质黏重板结，地下水容易向上移动，田间湿度大，苗期容易形成僵苗渍害。降水后在排除田间明水的基础上，应及时中耕松土，切断土壤毛细管，阻止地下水向上渗透。

五、合理施肥，减轻危害

由于渍（湿）害造成叶片某些营养元素亏缺（主要是氮、磷、钾），碳、氮代谢失调，从而影响小麦光合作用和干物质的积累、运输、分配以及根系生长发育、根系活力和根群质量，最终影响小麦产量和品质。因此，在施足基肥的前提下，当渍（湿）害发生时应及时追施速效氮肥，以补偿氮素的缺乏，延长绿叶面积持续期，增加叶片光合速率，从而减轻渍（湿）害造成的损失。对渍害较重麦田要做到早施、巧施接力肥，重施拔节孕穗肥，以肥促苗升级。冬季多增施热性有机肥，如渣草肥、猪粪、牛粪、

草木灰、人粪尿等。

六、喷施植物生长调节物质

在渍害危害下，小麦体内正常的激素平衡发生改变，产生乙烯，而乙烯增加致使小麦地上部衰老加速。所以，在渍害发生时可以适当喷施植物生长调节物质，以延缓衰老进程，减轻渍害影响。

第五节　穗发芽危害与防治途径

小麦穗发芽是指收获前遇到阴雨天气时籽粒在穗上发芽的现象，由于发芽后的呼吸作用会导致籽粒内干物质分解，会极大地降低籽粒重量和品质。据河南省 34 年的统计，穗发芽在不同地区几乎每年都有发生，穗发芽会导致籽粒产量、容重、出粉率和降落数值等降低，面粉的营养品质下降，各种食品加工品质发生恶化，严重的穗发芽可造成小麦丧失加工价值和种用价值。

小麦穗发芽是一种气候灾害，是多个因素综合作用的结果。根据小麦穗发芽的生理基础和发生机制，采用抗性品种、栽培管理调控等措施可有效防御和控制穗发芽的危害。

一、选择较抗穗发芽的品种

目前对连阴雨造成的小麦穗发芽灾害还没有有效的防御方法，只有借助小麦品种自身对穗发芽的抗性才能避免或减轻其危害。因此，选用休眠期较长的品种是抵御穗芽的基础。

二、合理调整小麦播种期和收获期

通过适期早播、合理密植，调节小麦生育进程，使小麦成熟期避开雨季高峰，在连阴雨季到来之前正常成熟并适时收获，并充分晾晒；科学水肥管理，避免小麦贪青晚熟和倒伏，均可减轻穗发芽危害。

三、适当喷施化学调控剂，降渍除湿防倒伏

在小麦拔节前喷施生化壮苗制剂适当降低植株高度，改善麦田通风透光条件，增强基部节间强度，减少后期倒伏风险。在小麦生育期间密切注意天气变化，降低田间湿度，防止小麦在高温、高湿的环境下迅速穗发芽。

第六节　倒伏的原因和防倒伏栽培技术

小麦生长到中后期，如果群体过大或个体偏弱，遇到大风天气，很容易发生倒伏情况。通过强化栽培技术、适时进行调控，构建合理的群体结构和健壮的个体苗情，能够对倒伏起到较好的预防效果。

一、小麦倒伏的原因

随着小麦产量的不断提高，小麦倒伏现象在各地不断发生，造成大面积减产和收获困难。小麦倒伏一般发生在生育中后期，以抽穗至收获前发生较多。小麦倒伏从形式上可分为两种类型：一种是根倒，多发生在晚期，主要是由于遇到风雨支撑不住而发生的倒伏，受损相对较小；另一种是茎倒，生育早期和晚期均可发生，主要是由于茎基部节间过长、脆弱，地上部重量增大后难以负荷，造成茎下部弯曲或倒折，小麦病害严重时也易造成倒伏。造成小麦倒伏的原因较多，主要有：

（一）耕作播种质量不高

由于耕层浅、播种质量差等原因，造成小麦根系发育环境差，导致根系发育不良，遇到阴雨连绵的天气时，小麦植株易从根部倒伏。另外根部倒伏还与品种的特性有关，有些品种易发生倒伏。

（二）管理措施不合理造成茎倒伏

茎倒伏多发生在高产区。发生茎倒伏的原因，除了品种特性外，播种量大、肥水不当，特别是氮肥过多，拔节期水分过量导致小麦节间旺长，再加上春分分蘖多、光照不足，下部节间生长快、长度大，遇大风天气就容易倒伏；尤其是晚播高肥田块更易倒伏。

二、防御倒伏的主要技术措施

（一）因地制宜选好良种

研究表明，株高与植株抗倒性呈负相关关系，植株矮化可降低重心高度，从而提高植株的抗倒伏能力。从某种意义上讲，降低株高是提高植株抗倒性的最有效措施（管延安，1998；Zahour，1987；Wiersma，1986）。防止倒伏要选用矮秆和茎秆韧性强的品种。

（二）加深耕层，精细整地

小麦是深根系作物，只有适宜的土壤环境，才能实现苗足、苗齐、苗匀、苗壮。有条件的地方要充分发挥大型农业机械的作用，统一机耕、机耙。没有条件的地方可采取前犁后套的方法，加深耕层。耕深一般不少于25厘米，并争取每3年进行1次30厘米深耕，打破犁底层，增加活土层，同时精细整地，达到净、细、实、平的质量标准，以利小麦根系下扎。旋耕的田块要与耙、糖、镇压相结合，确保粉碎坷垃、土地平整、上虚（0~5厘米）下实，小麦出苗后根系与土壤紧密结合，不悬空，以利于培育壮苗，为后期抗倒伏打下良好基础。

（三）适时精量匀播，培育壮苗

适期播种，可以保证小麦冬前有足够的积温，培育壮苗。高产抗倒栽培的基本原则是处理好群体与个体的矛盾：一是降低基本苗，防止群体过大；二是培育壮苗，促进个体发育。播种量要依据"以地定产，以产定穗，以穗定苗，以苗定播种量"的原则确定。

国内外大量研究表明，麦类作物通过降低播种量而减小群体有利于防倒伏。在一定的播种量限度内，密度可由分蘖来补偿，从而达到相对稳定的茎密度，这种情况下，由于低播种量提高了分蘖数促进次生根的形成而提高了抗倒伏性。总之，提倡随土壤肥力提高适当降低播种量，以分蘖成穗为主构建合理群体，增强小麦抗倒伏的能力。

（四）平衡施足底肥，适时适量追肥

小麦生长发育需要多种营养元素，在肥料施用上应增施有机肥，配施适量的氮、磷、钾肥，缺钾土壤增施钾肥可增强茎秆韧性，达到高产不倒伏的目的。对预测有倒伏危险的麦田，一定不要再追施氮肥，可追施磷肥和早春松土促进根系发育。对长势不平衡的麦田，把追肥推迟到拔节期施用。拔节至抽穗及扬花期叶面喷施3%的磷酸二氢钾溶液2~3次，可有效地促壮抗倒。

增施硅肥有助于降低倒伏风险。作物吸收硅后，形成硅化细胞，可以提高植物细胞壁的强度，使株型挺拔，茎叶直立，有利于通风透光和有机物的积累。硅化细胞的形成使作物表层细胞壁加厚，角质层增加，从而也增强对病虫害的抵抗能力，降低了小麦倒伏的概率。

（五）科学灌水

国内外研究认为，充足的水分能够促进节间伸长，而拔节前水分胁迫可抑制植株过早增高。因此，拔节前应控制水肥，防止中部叶片过大和基部节间过长，后期易发生倒伏。小麦返青期一般不浇水，以免返青后生出大量小分蘖，造成群体过大，待第一节长出定长后再适当浇水。

小麦中后期特别是小麦抽穗后，要严格控制浇水次数，把握好水量，做到水及时下渗，地面没有积水。高产田小麦抽穗后是否灌水要因天、因地、因苗制宜，慎之又慎。灌浆中后期浇水要避开风雨天气，浇水前注意天气，选择无风天气，高产田可选择风小的后半夜到上午浇水。经验证明，推迟孕穗水，提前灌浆水，两水合一水是实现灌浆有墒、穗大籽饱、高产不倒的有效技术措施。若此期有降水过程，千万不能再浇水。

（六）及时中耕和镇压

近年来，麦田旋耕面积较大，土壤透风、跑墒快、冻害较重，播后镇压、耙平，可保证苗齐、苗匀。播后镇压可以培育壮苗。越冬期镇压，可抑制地上部生长，促进分蘖，促进发根。返青期镇压，能有效地控制春后分蘖，加速中小分蘖消亡，改善群体透光条件，促进基部节间变短加粗。

冬前和早春返青期前对播种量大、肥力充足、有徒长趋势的麦田，通过深中耕、断根或采用镇压抑制生长，使基部节间墩实粗壮，旺苗转壮，增强抗倒能力。对密度过大的麦田进行镇压，延缓其生长，以达到降低植株高度、培育壮苗的目的。

（七）及时防治病虫害

小麦病虫害也是引起小麦倒伏的主要原因之一。有些害虫特别是地下害虫，可以破坏小麦的根系、咬伤小麦的基部节间，在整地时一定要进行土壤处理和搞好药剂拌种。

（八）适量化控，抑旺促壮

化学防控是防止小麦倒伏的最有效的关键措施之一。对于群体较大、长势过旺或植株较高的田块，小麦返青起身期是最佳喷药时期。一般每亩用15%的多效唑30～50克或20%的壮丰安30～40毫升，对水30～40千克进行喷施，以缩短基部节间、使茎秆变粗变壮，达到降低植株高度、防止倒伏的目的。注意避免正午高温喷施，选择无风的下午或傍晚进行，要喷匀，不重喷，不漏喷。

三、小麦风灾倒伏后的补救措施

小麦灌浆前期发生的倒伏，由于小麦"头轻"，一般都能不同程度地恢复直立；灌浆后期发生的倒伏，由于"头重"，不容易恢复直立，往往只有穗和穗下茎可以抬起头来。因此，小麦发生倒伏后，应及时采取措施加以补救，以减轻风灾倒伏造成的减产损失。

（一）不扶不绑，顺其自然

小麦倒伏一般都是顺势而然向后倒伏，麦穗、穗茎和上部的旗叶及旗叶以下的1～2叶和基部都露在表面。由于小麦植株有非常强的自身调节作用，因此，小麦倒伏3～5天后叶片和穗轴能自然翘起，特别是倒伏不太严重的麦田，植株自助能力更强，即使不扶不绑，仍能自动直立起来，使麦穗、茎叶在空间排列达到比较合理的分布。实践经验证明，倒伏后采取扶绑、搭架等方法，往往损伤折断茎秆太多，其产量反而不及不扶绑的高。

（二）加强病虫害的防治

小麦发生轻度倒伏后如果没有病害发生，一般对产量影响不大。发生重度倒伏的麦田，如果不能及时控制病虫害的流行蔓延，则会导致严重减产。所以，及时防治小麦倒伏后带来的各种病虫害，是减轻倒伏减产损失的一项重要措施。发生倒伏的麦田往往白粉病和锈病会加重发生，可用 15% 三唑酮 250 倍液和 50% 多菌灵 1 000 倍液喷雾进行防治；小麦穗期倒伏常伴随发生蚜虫，每亩用抗蚜威 8 ~ 10 克，或每亩用 10% 吡虫啉 5 ~ 10 克，加水进行喷雾防治。

（三）喷施调节剂和叶面肥防止早衰

小麦倒伏后，光合作用减弱、抗干热风能力变差、光合产物运转受阻，极易发生早衰而影响灌浆速度和千粒重。因此，对于已经发生倒伏的麦田，应及时喷施植物生长调节剂或叶面肥，可每亩喷施 200 克尿素或 250 ~ 500 克磷酸二氢钾 1 000 倍液，每隔 7 天喷 1 次，连喷 2 次，以补充营养，防干热风、防早衰，增加千粒重。注意喷施时间应掌握在无风晴天 16 时以后，以减少肥液的蒸发量、提高叶片的吸收效果。

第七章 优质专用小麦生产技术规程

发展优质专用小麦必须在生产、收储、加工等环节实现标准化。在生产上，要按照优质专用小麦生产技术规程，规范生产管理，实现专种、专收，为落实优质优价做准备，实现增产增收。本章主要介绍优质强筋、弱筋小麦的生产技术规程。

第一节 优质强筋小麦生产技术规程

本规程适用于河南省优质强筋小麦的生产。强筋小麦指籽粒硬质，蛋白质含量高 14.0% 以上，湿面筋含量在 30% 以上，加工成的小麦粉筋力强、延伸性好，适合制作面包等食品，或搭配生产其他专用面粉的小麦。

一、基本要求

（一）产地环境

豫北麦区和豫中、豫中东部的中高肥力麦田。产地小麦生育期间光照充分，生育后期降水量偏少。地势平坦，土层深厚肥沃，质地中壤至黏质，土壤肥力水平中上等，沟渠配套，灌排方便的地块。土壤耕层 20 厘米以内有机质含量 ≥ 1.2%（按 NY/T 85-1988 测定），土壤速效氮含量为 80 毫克 / 千克，速效磷（P_2O_5）含量 ≥ 20 毫克 / 千克，速效钾（K_2O）含量 ≥ 100 毫克 / 千克。

（二）品种选择

选用通过国家或河南省农作物品种审定委员会审定，适应种植地区生态条件、平均品质性状达到《小麦品种品质分类》（GB/T 17320—2013）规定的强筋小麦指标以上。种子质量符合《粮食作物种子第一部分：禾谷类》（GB/T 4404.1—2008）的要求。

二、整地播种

（一）种子处理

播前应进行种子精选，并针对当地病虫害发生情况进行药剂拌种或包衣。根病重发田块，选用不同类型的种衣剂进行拌种；病、虫混发田块，宜采用上述杀虫剂和杀菌剂混合拌种。包衣质量符合《农作物薄膜包衣种子技术条件》（GB/T 15671—2009）的规定，农药质量符合国家标准的规定。

（二）整地

前茬作物收获后及早粉碎秸秆，均匀覆盖地表，秸秆长度 5 厘米左右，在秸秆全部粉碎还田的基础上，采用机耕，小麦采用 2~3 年深耕 1 次（耕作深度 25 厘米左右），其他年份采用旋耕（15 厘米以上 2 遍），耕后机耙 2 遍，除净根茬，耙后采用镇压器镇压，粉碎坷垃，地表平整。

（三）底肥

在秸秆还田基础上，增施底肥，每亩可施纯氮 10 千克，磷（P_2O_5）7 ~ 8 千克，钾（K_2O）5 ~ 7 千克，纯硫 3 ~ 4.5 千克。有条件的地方，每亩可施有机肥 3 000 ~ 5 000 千克或优质鸡粪 1 000 千克。

（四）播种

1. **播期**　半冬性品种豫中、豫北地区一般在 10 月 8 ~ 15 日播种，弱春性品种在 10 月 15 日以后。

2. **播种量**　在适宜播期范围内，多穗型品种每亩播种量 10 ~ 12 千克，大穗型品种播种量 16 ~ 18 千克。整地质量较差或晚播麦田，应适当增加播种量。一般超出适播期后每晚播 3 天每亩增加播种量 0.5 千克。

3. **播种方法**　采用精播耧或播种机播种，确保下种均匀、深浅一致、播深 3 ~ 5 厘米。采用宽幅播种，播种带宽 8 厘米，行距 12 厘米，或采用窄行匀播，行距 15 ~ 18 厘米，播后镇压。

三、田间管理

（一）出苗至越冬期

1. **查苗补种**　出苗后及时检查出苗情况，如有缺苗断垄（10 厘米以上无苗为"缺苗"；17 厘米以上无苗为"断垄"），应用同一品种的种子浸种催芽（露白）后及早补种。

2. **合理冬灌**　土壤墒情严重不足时，越冬前可选择 11 月下旬 至 12 月上旬冬灌，每亩灌水量以

30 ~ 40 米³ 为宜。

3. **化学除草**　11 月中下旬喷洒除草剂进行化学杂草。

（二）返青至抽穗期

1. **肥水调控**　在小麦拔节末期，结合灌水追施氮肥，每亩施尿素 10 千克。但对于早春土壤偏旱且苗情长势偏弱的麦田，灌水可在起身至拔节期及早进行，并结合灌水每亩追施尿素 10 千克。采用畦灌或喷灌，每亩灌溉量 40 ~ 50 米³。

2. **病虫害防治**　重点防治小麦纹枯病、锈病和白粉病。在返青期至拔节期，当病株率达 30% 时，每亩用 5% 井冈霉素水剂 150 ~ 200 毫升对水 100 ~ 150 千克对准发病部位，均匀喷雾，基部严重田块可进行药水泼浇。当白粉病病株率平均达 20% 或病株严重度达 2 级时，每亩用 15% 三唑酮可湿性粉剂 65 ~ 70 克或 20% 三唑酮乳油 50 毫升对水 50 千克均匀喷雾。

（三）抽穗至成熟期

1. **抽穗-扬花水**　小麦生育后期一般不灌水。但当土壤相对含水量低于 60%、麦田植株呈现明显旱象时，宜在齐穗至开花期进行灌水（灌水最好在花后 7 天以前），一般每亩灌水量 30 ~ 40 米³，可结合灌水每亩追施尿素 5 千克，灌水时应避免大风天气。

2. **病虫害防治**　抽穗至扬花期要防治小麦赤霉病，灌浆期应注意防治白粉病、锈病、叶枯病、黑胚病及吸浆虫、蚜虫等。防病可结合小麦"一喷三防"进行。

3. **叶面喷肥**　在灌浆中后期，每亩用尿素 1 千克对水 50 千克进行叶面喷肥，以促进籽粒氮素积累，提高品质。

四、收获

在完熟初期，当籽粒呈现品种固有色泽、含水量达到 13% 以下时及时收获。

第二节　弱筋小麦生产技术规程

本规程适用于河南省弱筋小麦的生产。弱筋小麦指籽粒胚乳为粉质，蛋白质含量低，加工成的小麦粉筋力弱，适合于制作蛋糕和酥性饼干等食品。

一、基本要求

（一）产地环境

豫南稻茬麦区或沿黄稻茬区沙壤土种植。地势平坦，肥力水平中等，灌排条件良好的沙性土壤或稻茬地。产地小麦生育期间光照充分，小麦生育期降水500毫米左右。

（二）土壤肥力

土壤耕层20厘米有机质含量＜1.0%，土壤速效氮（N）含量＜70毫克/千克，速效磷（P_2O_5）含量＞10毫克/千克，速效钾（K_2O）含量为100毫克/千克左右。

（三）品种选择

选用通过国家或河南省农作物品种审定委员会审定，适应种植地区生态条件的抗逆、抗病、抗倒伏稳产高产弱筋小麦品种。

二、整地播种

（一）播前准备

1. **种子处理** 播前应进行种子精选，并针对当地病虫害发生情况进行药剂拌种或包衣。地下害虫发生较重田块，可选用10%辛硫磷·甲拌磷粉粒剂制剂用药量1∶（30～40）（药种比、拌种）；病、虫混发田块，宜采用杀虫剂和杀菌剂混合拌种，如15%吡虫啉·毒死蜱·苯醚甲环唑悬浮种衣剂，制剂用药量1.25～1.5克/100千克种子。

2. **整地** 前茬作物秸秆还田的采用机耕，2～3年深耕1次（耕作深度25～35厘米），耕后机耙2遍，耙后采用镇压器镇压，稻茬田采用旋耕，粉碎坷垃，地表平整。

3. **底肥** 氮肥施用原则：减少氮肥、适当增加磷肥和钾肥。纯氮总量9～12千克/亩。氮肥施用采用底肥∶拔节前期7∶3的比例。磷、钾肥全部底施：每亩速效磷（P_2O_5）为10～12千克/亩，速效钾（K_2O）6～8千克/亩。

（二）播种

1. **播期** 半冬性品种豫中、豫北地区一般在10月5～15日播种，弱春性品种在10月10～18日；豫南半冬性品种为10月15~20日，弱春性品种为10月20日至10月底。

2. **播种量**　在适宜播期范围内，多穗型品种每亩播种量 10～12 千克，大穗型品种每亩播种量 16～18 千克。

3. **播种方法**　采用精播耧或播种机播种，确保下种均匀，深浅一致，播深 4～5 厘米。采用宽幅播种：播种带宽 8 厘米，行距 13 厘米。采用宽窄行播种：宽行 28 厘米，窄行 21.8 厘米。

三、田间管理

（一）出苗至越冬期

1. **查苗补种**　出苗后及时检查出苗情况，如有对缺苗（10 厘米以上无苗）断垄（17 厘米以上无苗），应用同一品种的种子浸种催芽后及早补种。

2. **合理灌溉**　天气持续干旱，土壤墒情严重不足时，可以选择冬灌，灌水量以每亩 30～40 米^3 为宜，且在中午时分灌溉。

3. **化学除草**　11 月中下旬化学除草。

（二）返青至抽穗期

1. **肥水调控**　一般在小麦返青至拔节期进行灌溉追肥，但对于没有偏旱的麦田或苗情偏弱的麦田可适当提前。结合浇水，进行追施纯氮 2～3 千克/亩，如发生冻害应提早追肥时间。一般采用畦灌或喷灌，每亩灌溉量 40～50 米^3。

2. **病虫害防治**　重点防治小麦纹枯病、锈病和白粉病。在返青期至拔节期，当病株率达 30% 时，每亩用 5% 井冈霉素水剂 150～200 毫升对水 50～60 升对准发病部位，均匀喷雾，基部严重田块可进行药水泼浇。当白粉病病株率平均达 20% 或病株严重度达 2 级时，15% 三唑酮可湿性粉剂 65～70 克/亩、75% 戊唑醇·嘧菌酯水分散粒剂 10～15 克/亩对水 30 升均匀喷雾。

（三）抽穗至成熟期

1. **叶面喷肥**　在灌浆中后期叶面喷施磷酸二氢钾、硼砂，可以促进籽粒灌浆，增加淀粉含量，改善弱筋品质。

2. **病虫害防治**　抽穗至扬花期要注意防治小麦赤霉病，灌浆期应注意防治白粉病、锈病、叶枯病、黑胚病及吸浆虫、蚜虫等。防病可结合小麦"一喷三防"进行。

3. **合理灌溉**　抽穗后天气持续干旱，可以在扬花后 1 周浇 1 次灌浆水，选择无风日进行，但不可追肥。

四、收获

在完熟初期，当籽粒呈现品种固有色泽、含水量达 18% 以下时及时收获。

第三节　有机食品小麦生产技术规程

本标准规定了有机食品小麦的术语和定义、产地环境条件、播种、田间管理、病虫害防治、收获、储藏运输、档案记录等要求。

本标准适用于有机食品小麦的生产。

一、定义

1. **有机食品**　指在生产过程中不使用化学农药、化肥、化学防腐剂等合成物质，也不用基因工程生物及其产物，并通过国家有机食品认证机构认证的农副产品及其加工品。

2. **有机食品小麦**　按照有机食品要求生产的小麦为有机食品小麦。

3. **缓冲带**　在有机和常规种植地块之间设置、可明确界定的、用来限制或阻挡邻近田块的禁用物质飘移的过渡区。

4. **转换期**　从开始有机生产管理至生产单元和产品获得有机认证之间的时间。

二、产地环境条件

（一）产地环境

有机食品小麦产地土壤环境质量应符合《土壤环境质量农用地土壤污染风险管理标准（试行）》（GB 15618—2018）的二级标准规定，环境空气质量应符合《环境空气质量标准》（GB 3095—2012）的标准规定，农田灌溉用水水质应符合《农田灌溉水质标准》（GB 5084—2005）的规定。

（二）周边环境

有机食品小麦种植单元应远离工矿区、工业污染源、生活垃圾填埋场、养殖场等可能影响基地生产环境的污染源。

（三）缓冲带

有机食品小麦种植单元与常规小麦种植区之间应设置缓冲带，缓冲带宽度应≥10米；若缓冲带种植作物，应按有机方式生产，但收获的产品不能按有机产品处理。

（四）转换期

有机食品小麦的生产单元应经过转换期，从常规种植向有机种植应有≥24个月的转换期，新开荒地或撂荒多年的土地≥12个月的转换期。转换期间本生产单元小麦按本标准生产，其他作物按照《有机产品第1部分：生产》（GB/T 19630—2019）进行管理。

三、播种

（一）品种选择

选用适应当地生态条件、丰产性好、综合抗性强，且经过审定的优良品种，种子质量符合《粮食作物种子·禾谷类》（GB 4404.1—2008）的规定。

（二）底肥

有机肥应按国家标准的规定，生物有机肥应按国家标准的规定，施用肥料应按《有机产品第1部分：生产》（GB/T 19630—2019）的规定进行限定，同时土壤培肥和改良物质要符合《有机产品第1部分：生产》（GB/T 19630—2019）的要求，底施肥料在耕地前均匀撒施，翻入土中。

（三）整地

播种前机械深翻整地，耕深≥25厘米，随耕随耙，地面平整，无明暗坷垃。

（四）种子处理

播前应精选种子，去除病粒、霉粒、烂粒，并选晴天晒种1～2天。

（五）播期播量

应根据茬口、品种特性和种植地区生态条件确定适宜播种期、播种量。

（六）底墒

应足墒下种，相对含水量≤70%的地块，应提前造墒或浇蒙头水。

四、田间管理

（一）灌溉

根据土壤墒情和苗情在冬前、返青至拔节期、孕穗至灌浆初期进行灌溉。

（二）中耕除草

杂草防除应人工或机械中耕除草，禁止用化学除草剂。

（三）病虫害防治

1. **农业防治** 选用抗病虫品种、采用轮作倒茬、休耕、深翻、培育壮苗等防治措施。
2. **物理防治** 应利用光诱、色诱、性诱、防虫网等物理方法防治病虫。
3. **生物防治** 创造有利于天敌繁殖的环境，利用田间天敌或人工释放天敌控制害虫。
4. **药剂防治** 严禁使用化学农药、激素类等防治病虫，病虫害防治使用药剂应符合《有机产品第1部分：生产》（GB/T19630—2019）的规定。

五、收获、储藏及运输

小麦成熟后应适时收获。单收、单运、单储，防止与普通小麦混杂。包装材料应符合国家食品卫生要求，装卸和运输过程应避免其他化学物质的污染。

六、档案记录

（一）位置

应记录有机食品小麦生产单元的地理位置、边界、缓冲带及排灌系统等。

操作记录应包括茬口、品种、整地播种、施肥、灌溉、中耕除草、病虫害防治、收获等整个生产过程，以及入库批次、时间、包装、运输工具等。

（二）质量检验报告

出售前应有国家指定部门出具的质量检验报告，农药残留指标要"零残留"。

第四节　豫北强筋小麦提质增效生产技术规程

本标准规定了豫北强筋小麦提质增效栽培的术语和定义、产地环境、产量及品质指标、播前准备、播种、田间管理、收获与储藏等技术。

本标准适用于河南省北部强筋小麦生产。

一、产地环境

（一）产地条件

空气质量应符合《环境空气质量标准》（GB 3095—2012）的规定，土壤环境质量应符合《土壤环境质量农用地土壤污染风险管理标准（试行）》（GB 15618—2018）的规定，农田灌溉水质应符合《农田灌溉水质标准》（GB 5084—2005）的规定。

（二）土壤条件

耕层厚度 ≥ 20 厘米，土壤有机质 ≥ 1.3%，土质偏黏、肥力较高的土壤。

（三）灌溉条件

有灌溉条件，在干旱情况下能保证小麦播种、拔节关键生育期对水分的需要。

二、产量与品质指标

（一）产量指标

籽粒产量 ≥ 500 千克 / 亩，每亩成穗数 40 万 ~ 45 万穗，穗粒数 32 ~ 35 粒，千粒重 42 ~ 48 克。

（二）品质指标

生产出的小麦籽粒符合《优质小麦强筋小麦》（GB/T 17892—1999）的规定强筋小麦品质指标。

三、播前准备

（一）品种选择

选用通过国家或河南省农作物品种审定委员会审定，抗逆、抗病、抗倒伏稳产高产品种。

（二）种子处理

播前精选种子，去除病粒、霉粒、烂粒等不合格种子。

种子应进行包衣或拌种处理，包衣条件应符合《农作物薄膜包衣种子技术条件》（GB/T 15671—2009）的规定，包衣剂应符合国家标准的规定。

（三）整地

使耕层土壤相对含水量应达 75% ~ 85%，土壤墒情不足时应浇灌底墒水。

秸秆还田的地块，应进行机械深耕（耕作深度 ≥ 25 厘米）；旋耕地块（15 厘米以上 2 遍）则应隔 2 ~ 3 年深耕 1 次；耕后机耙 2 遍，达到坷垃细碎、地表平整。地下害虫严重的地块应用杀虫剂进行土壤处理，杀虫剂的使用应符合国家标准的规定。整地后及时播种。

（四）施肥

提倡增施有机肥。腐熟农家肥每亩用量一般 1 500 ~ 3 000 千克；商品有机肥根据推荐用量施用，商品有机肥料应符合《肥料合理使用准则有机肥料》（NY/T 1868—2010）的规定。

在测土配方施肥基础上适当减少化学肥料用量。每亩纯氮 14 ~ 16 千克、磷（P_2O_5）6 ~ 8 千克、钾（K_2O）3 ~ 5 千克。

有机肥、磷肥和钾肥作底肥耕地前一次性撒施施入，氮肥 40% ~ 50% 作底肥，50% ~ 60% 在拔节期追施。肥料的使用应符合《肥料合理使用准则通则》（NY/T 496—2010）规定。

四、播种

（一）播种期

适宜播种期为 10 月 8 日至 10 月 16 日。

（二）播种量

播种量与播种期应协调。10月8日播种每亩播种量10千克左右、每晚播1天增加基本苗0.5万株（种子量约为0.25千克）。

（三）播种方法

采用机器条播，播种质量符合《小麦精少量播种机作业质量》（NY/T 996—2006）的规定，播后及时镇压。

五、田间管理

（一）冬前管理

1. **查苗补种**　出苗后及时检查出苗情况，对单行连续缺苗10厘米以上的地方用同一品种的种子浸种后及早补种。

2. **杂草防除**　冬前化学除草宜在11月中下旬，日均温10℃以上时及时防除麦田杂草，农药使用应符合NY/T 1276—2007国家标准的规定。

3. **冬灌**　非足墒播种或旋耕的麦田进行冬灌，提倡节水灌溉、每亩灌溉量以30～40米³为宜，灌溉水应符合《农田灌溉水质标准》（GB 5084—2005）规定。

（二）春季管理

1. **化学除草**　冬前未进行化学除草的麦田，在早春返青期（日平均气温10℃以上时）应及时进行化学除草，农药使用应符合国家标准GB/T 8321.10—2018的规定。

2. **肥水管理**　在小麦拔节期，结合灌水追施氮肥，每亩灌溉量为50米³左右。

3. **病虫害防治**　在返青至抽穗期，重点防治小麦纹枯病、锈病、白粉病及吸浆虫、蚜虫和红蜘蛛。当病虫达到防治指标时及时进行药剂防治。农药使用应符合国家标准GB/T 8321.10—2018的规定。

（三）后期管理

1. **灌溉**　开花到灌浆5天左右，土壤相对含水量低于60%、植株呈现旱象时进行灌水，每亩灌溉量50～60米³。

2. **叶面喷肥**　在灌浆前中期，每亩防治病虫害时用尿素1千克和200克磷酸二氢钾对水50千克进行叶面喷肥，叶面喷肥可与病虫害防治结合进行。

3. **病虫害防治**　抽穗至扬花期应重点防治小麦赤霉病。以预防为主，若遇花期阴雨，应在药后

5～7天再补喷1次。灌浆期应注意防治白粉病、锈病、叶枯病、黑胚病及蚜虫等，成熟期前20天内停止使用农药。

六、收获与储藏

完熟期籽粒含水量降至13%以下适时收获。单收、单储、专用。收获时割茬高度不高于15厘米，收割时秸秆粉碎均匀铺田。

第五节　砂姜黑土区优质强筋小麦丰产保优栽培技术

一、河南省砂姜黑土的地域分布和特点

（一）河南省砂姜黑土的地域分布

河南省砂姜黑土农田主要分布在伏牛山、桐柏山的东部，大别山北部淮北平原的低洼地区和南阳盆地中南部，耕地面积为1 800多万亩，约占河南省耕地面积的14%。

（二）河南省砂姜黑土特点

砂姜黑土具有土质黏重、结构不良、土壤耕性差、适耕期短、整地播种质量难以保证等特点，但该类土壤保水保肥性能好，小麦中后期养分供应平稳强劲，有利于后期发挥肥效和满足优质强筋小麦生产的养分需求，生产的小麦籽粒饱满色泽好、蛋白质含量和容重高，适宜发展优质强筋小麦。

二、强筋小麦的主要质量指标

强筋小麦要求籽粒硬质，角质率＞70%，容重≥77克/升，籽粒蛋白质含量（干基）≥14%，降落值≥300秒，面粉湿面筋含量(14%水基)≥32%，沉降值40～45毫升，面团形成时间≥4分，面团稳定时间≥7分，烘焙品质评分值≥80。

三、适宜砂姜黑土区种植的强筋小麦品种

目前适宜河南省砂姜黑土区种植的主要优质强筋小麦品种有郑麦 366、新麦 26、西农 979、郑麦 7698、郑麦 119、郑麦 1860、郑麦 583、丰德存 5 号等。

四、各生育时期田间管理目标

（一）冬前及越冬期

在苗全、苗匀的基础上，促根增，促弱控旺，培育壮苗，田间"三沟"配套，实现壮苗安全越冬。

（二）返青至抽穗期

因地、因苗分类管理，促弱控旺转壮，保苗稳健生长，构建高质量群体，培育壮秆大穗，搭好丰产架子。

（三）抽穗至成熟期

排湿防渍，防病治虫，叶面喷氮，养根护叶，防倒延衰，适时收获，防止穗发芽。

五、播种技术规范

（一）培肥地力，足量平衡施肥

种植优质强筋小麦的高产麦田，应采取增施有机肥和夏、秋两季秸秆适量还田，持续培肥地力。在施肥运筹上，一般每亩施纯氮 14 ~ 16 千克，磷（P_2O_5）6 ~ 8 千克，钾（K_2O）8 ~ 10 千克，并根据土壤缺素状况，适量补施中微量营养元素。氮肥基肥与追肥比控制在 5∶5，其中，拔节前底施氮肥 50% ~ 60%，春季拔节期追施氮肥 40% ~ 50%。

（二）优化播种基础，促进根苗健壮发育

播前精细整地，踏实土壤选择适墒期抢时翻耕耖耙，耕深 23 厘米以上，耕后及时耙耱，精细整地，踏实土壤。连续旋耕 1~2 年后必须深耕或深松 1 次；旋耕或秸秆还田的麦田播前整地时必须压实土壤，粉碎土块，以保证播种深度一致，出苗整齐健壮，并起到防旱防冻的效果。

1.**田间排灌设施配套** 小麦播种前一定要做好田间排灌设施配套，真正实现"沟渠相通，旱能浇、涝能排"，确保做到腰沟深于围沟，围沟深于厢沟，沟沟相通，排水通畅。

2. **确保足墒播种** 按照"宁可适当晚播几天，也不能种欠墒麦"的原则，确保做到足墒下种。秸秆还田麦田不论是耕翻还是旋耕掩埋玉米秸秆，均应在播种前灌水造墒或播种后立即浇蒙头水；一般亩灌水量 50 米^{3}左右。浇蒙头水的麦田待表墒适宜时应及时耧划破土，辅助出苗。

3. **搞好播种期病虫害防治** 麦播前根据当地病虫发生特点和危害程度，选好对路药剂，做好土壤处理和种子包衣工作，尤其是吸浆虫、地下害虫和土传、种传病害发生严重的地区及连年实行秸秆还田的麦田，更应重视播前病虫害的防治。

4. **适期适量规范化播种** 河南省砂姜黑土分布区的商丘、周口、漯河三市半冬性品种适宜播期在10月 8~13 日，南阳、驻马店、信阳则应适当推迟至 10 月 10 ~ 15 日；种植弱春性品种的适宜播期可较半冬性品种推迟 7 ~ 10 天。该区半冬性品种亩基本苗数为 15 万 ~ 18 万株，弱春性品种为 16 万 ~ 20 万株，对于整地质量差、坷垃多的麦田可在此基础上酌情增加播量。多穗型品种可采用 17/26 厘米或 20/26 厘米宽窄行、大穗型品种采用 20 厘米或 23 厘米等行距播种，播种深度 3 ~ 5 厘米，做到播量准确，深浅一致，不漏播、不重播，下种均匀一致。

六、优化施肥技术

河南省砂姜黑土分布区优质强筋小麦生产应按照优化投肥结构、优化化肥用量与比例、优化施肥时期与施肥方法的原则，实施"三改一喷"优化施肥技术，即改单施氮肥为氮、硫、钾、磷平衡施肥，改重施底氮为底追并重，改早春追氮为氮肥后移，实施后期叶面喷肥。

（一）增施化肥用量

中高肥力麦田（有效氮 20 毫克 / 千克以上，速效氮 70 毫克 / 千克以上）在增施有机肥、实施秸秆还田的条件下，一般应每亩施纯氮 12 ~ 16 千克、磷（P_2O_5）5 ~ 8 千克。

（二）减少底氮用量、加大追氮比例

氮肥分 3 次施用，底施、拔节初期追施、孕穗期追施 3：5：2 为宜。

（三）增施硫肥

土壤有效硫含量低于 12 毫克 / 千克的麦田，可每亩施纯硫 3 千克左右。

（四）补施微量元素

微量元素根据土壤养分余缺，有针对性地补施。

（五）后期叶面喷肥

在小麦孕穗至灌浆期叶面喷施 0.2% 尿素 +0.04% 磷酸二氢钾溶液，预防干热风、延缓衰老、增加粒重、改善品质。

七、优化灌水技术

在足墒播种的基础上，一般年份应注意结合追肥浇好拔节水，后期干旱增浇开花灌浆水，小麦籽粒灌浆中后期严格控制浇水，尤其不能浇麦黄水，以免影响籽粒产量和品质。砂黑土分布区一般地下水埋深度浅，水源丰富，最好采用井灌，以达到井灌井排的目的，并注意节约用水。

八、预防旺长和倒伏

预防小麦旺长和倒伏是河南省砂姜黑土分布区麦田管理的重要内容。对于播期早、播量大、有旺长趋势的麦田，可在起身期每亩用 15% 多效唑可湿性粉剂 30 ~ 50 克，或壮丰胺 30 ~ 40 毫升，加水 25 ~ 30 千克均匀喷洒，或进行深中耕断根，控制旺长，预防倒伏。要注意掌握喷洒时间、喷洒方法和喷洒浓度，以提高防效，避免产生药害。

九、病虫草害综合防治技术

在使用包衣种子、做好土壤处理的基础上，冬前重点做好化学除草，春季依据预测预报，选准适宜农药，及时防治。为确保小麦优质和无公害，在收获前 20 天停止使用各种农药。

十、注意麦田排涝除渍

该区小麦生育期间应经常疏通"三沟"，做到沟直底平，沟沟相通，雨住田干，排水畅通及时排除田间积水，降低地下水水位，增加土壤透气性，防渍防病，保持根系活力。

十一、适时收获，防止穗发芽

种植优质强筋小麦要注意掌握在蜡熟末期适时收获，防止穗发芽，谨防"烂场雨"，确保丰产丰收。同时，要单收单脱，单独晾晒，单运、单储，防止混杂。

第八章 优质小麦品种及其特征特性

选好品种是争取小麦丰收的关键，选取优质小麦品种是实现优质优价、增收增效的关键。本章主要介绍了强筋小麦品种、中强筋小麦品种和弱筋小麦品种。

第一节 强筋小麦品种

一、郑麦 366

1. **品种审定编号** 国审麦 2005003，豫审麦 2005006。

2. **特征特性** 半冬性多穗型强筋小麦品种，全生育期 230 天。幼苗半匍匐，叶色深绿，苗期长势旺，抗寒性较好，幼苗起身快，分蘖力中等，成穗率较高，遇倒春寒不育小穗增多；株型紧凑，株高 70 厘米左右，叶片宽短上举，抗倒性好；穗层整齐，落黄一般，后期有早衰现象；长方形穗，大穗中粒，籽粒角质。成产三要素为：亩成穗 40 万个左右，穗粒数 38 粒左右，千粒重 36 克左右。获 2014 年国家科技进步二等奖。

3. **抗性鉴定** 2003~2005 年经河南省农业科学院植保所两年成株期综合抗性鉴定和接种鉴定：高抗条锈病，中抗叶锈病、叶枯病，中感纹枯病、白粉病。

4. **产量表现** 在 2002~2003 年度国家黄淮麦区南片冬水组区试中，平均亩产 544.9 千克，比优质强筋对照种藁城 8901 增产 7.22%，达极显著水平。2004~2005 年度续试，平均亩产 482.9 千克，比优质强筋对照品种增产 6.5%，达极显著水平。

5. **品质鉴定** 据农业部农产品质量监督检验测试中心（北京）测定：容重 794 克/升、籽粒粗蛋白质含量（干基）为 15.29%、湿面筋含量 33.2%、形成时间 9.2 分、稳定时间 13.9 分、最大抗延阻力 470EU，面包体积 850 厘米³，面包评分 93 分，综合品质评价该品系各项指标均达到国标一级强筋麦标准。

6. **栽培要点** 播种期以 10 月 10~25 日为宜；亩播种量 6~8 千克，每亩基本苗以 12 万 ~15 万株为宜，晚播可适当增加播种量；基肥应本着重施氮肥、搭配钾肥、适当减少磷肥的原则。一般亩施农家肥 3~4 米³，尿素 12~15 千克，磷酸二铵 20~25 千克，氯化钾 6~10 千克。追肥应本着"前氮后移"的原则，不施返青肥，拔节到孕穗阶段每亩施尿素 5~10 千克；在灌浆初期，叶面喷施速效氮肥有利于品质的提高；抽穗灌浆期结合"一喷三防"，注意防治穗蚜。

7. **审定意见** 适宜黄淮南片麦区的河南省，山东省西部、安徽省北部、江苏省北部及陕西关中地区中、高水肥地早、中茬种植。

二、新麦 26

1. **品种审定编号** 国审麦 2010007。

2. **特征特性** 半冬性，中熟，成熟期比对照新麦 18 晚熟 1 天，与周麦 18 相当。幼苗半直立，叶长卷，叶色浓绿，分蘖力较强，成穗率一般。冬季抗寒性较好。春季起身拔节早，两极分化快，抗倒春寒能力较弱。株高 80 厘米左右，株型较紧凑，旗叶短宽、平展、深绿色。抗倒性中等。熟相一般。穗层整齐。穗纺锤形，长芒，白壳，白粒，籽粒角质、卵圆形、均匀、饱满度一般。2008 年、2009 年区域试验平均亩穗数 40.7 万穗、43.5 万穗，穗粒数 32.3 粒、33.3 粒，千粒重 43.9 克、39.3 克，属多穗型品种。

3. **抗性鉴定** 田间自然发病：高抗条锈病，中抗纹枯病和叶枯病，中感白粉病。中国农业科学院抗病性接种鉴定：2008 年结果，（高）抗纹枯病，中抗赤霉病，中感条锈病和慢叶锈病，高感白粉病；2009 年结果，高抗条锈病，中抗叶锈病和纹枯病，高感白粉病和赤霉病。

4. **产量表现** 2007~2008 年度参加黄淮冬麦区南片冬水组品种区域试验，平均亩产 534.6 千克，比对照新麦 18 减产 2%；2008~2009 年度续试，平均亩产 531.4 千克，比对照新麦 18 增产 5.9%。2009~2010 年度生产试验，平均亩产 486.8 千克，比对照周麦 18 增产 1.7%。

5. **品质鉴定** 2008 年、2009 年分别测定混合样：籽粒容重 784 克／升、788 克／升；硬度指数 64.0、67.5；蛋白质含量 15.46%、16.04%；面粉湿面筋含量 31.3%、32.3%；沉降值 63.0 毫升、70.9 毫升；吸水率 63.2%、65.6%；稳定时间 16.1 分、38.4 分；最大抗延阻力 628EU、898EU；延伸性 189 毫米、164 毫米；拉伸面积 158 厘米²、194 厘米²。被评为面包和面条超强筋小麦品种，也是首届黄淮麦区优质强筋小麦品种质量鉴评会被鉴评为超强筋小麦品种之一。

6. **栽培要点**

1）播期播量 豫北 10 月 8~15 日播种，播量 7~10 千克／亩，每亩适宜基本苗 18 万 ~22 万株。

2）肥水管理 秸秆还田地块要浇好踏墒水和压根水，12 月下旬浇好越冬水，在 3 月底 4 月初拔节末期结合浇水亩追尿素 10 千克，适时浇好灌浆水。

3）病虫害防治 孕穗期用氧乐果加三唑酮防治病虫害。灌浆期用氧乐果、1% 尿素、0.3% 磷酸二氢钾治蚜虫和防干热风。

7. **审定意见** 适宜在黄淮冬麦区南片的河南（信阳、南阳除外）、安徽北部、江苏北部、陕西关中地区高中水肥地块早中茬种植。在江苏北部、安徽北部和河南东部倒春寒频发地区种植应采取调整播种期等措施，注意预防倒春寒。

三、丰德存麦5号

1. **品种审定编号** 国审麦2014003。

2. **特征特性** 半冬性中晚熟品种，全生育期228天，与对照周麦18熟期相当。幼苗半匍匐，苗势较壮，叶片窄长直立，叶色浓绿，冬季抗寒性较好。冬前分蘖力较强，分蘖成穗率一般。春季起身拔节较快，两极分化快，抽穗较早，耐倒春寒能力一般。后期耐高温能力中等。株高76厘米，茎秆弹性一般，抗倒性中等。株型稍松散，旗叶宽短，外卷，上冲。穗层整齐，穗下节短。穗纺锤形，长芒，白壳，白粒，籽粒椭圆形，角质，饱满度较好，黑胚率中等。亩穗数38.1万穗，穗粒数32粒，千粒重42.3克。

3. **抗性鉴定** 抗慢条锈病，中感叶锈病、白粉病，高感赤霉病、纹枯病。

4. **产量表现** 2011~2012年度参加黄淮冬麦区南片冬水组品种区域试验，平均亩产482.9千克，比对照周麦18减产0.4%；2012~2013年度续试，平均亩产454.0千克，比周麦18减产2.4%。2013~2014年度生产试验，平均亩产574.6千克，比周麦18增产2.4%。

5. **品质鉴定** 籽粒容重794克/升，蛋白质（干基）含量16.01%，硬度指数62.5，面粉湿面筋含量34.5%，沉降值49.5毫升，吸水率57.8%，面团稳定时间15.1分，最大抗延阻力754 EU，延伸性177毫米，拉伸面积171厘米^2。品质达到强筋品种审定标准

6. **栽培要点** 适宜播种期10月中旬，每亩基本苗12万~18万株，注意防治赤霉病和纹枯病，高水肥地注意防倒伏。

7. **审定意见** 适宜黄淮冬麦区南片的河南省驻马店市及以北地区、安徽省淮北地区、江苏省淮北地区、陕西省关中地区高中水肥地块中茬种植。倒春寒易发地区慎用。

四、周麦36

1. **品种审定编号** 国审麦20180042。

2. **特征特性** 半冬性，全生育期232天，与对照品种周麦18熟期相当。幼苗半匍匐，叶片宽短，叶色浓绿，分蘖力中等，耐倒春寒能力中等。株高79.7厘米，株型松紧适中，茎秆蜡质层较厚，茎秆硬，抗倒性强。旗叶宽长、内卷、上冲，穗层整齐，熟相好。穗纺锤形，短芒，白壳，白粒，籽粒角质，饱满度较好。亩穗数36.2万穗，穗粒数37.9粒，千粒重45.3克。

3. **抗性鉴定** 高感白粉病、赤霉病、纹枯病，高抗条锈病和叶锈病。

4. **产量表现** 2015~2016年度参加黄淮冬麦区南片早播组品种区域试验，平均亩产542.7千克，比对照周麦18增产5.7%。2016~2017年度续试，平均亩产589.6千克，比周麦18增产5.7%。2016~2017

年度生产试验，平均亩产 582.1 千克，比对照增产 6.7%。

5. **品质鉴定**　2016 年、2017 年分别测定混合样：籽粒容重 796 克 / 升、812 克 / 升，蛋白质含量 14.78%、13.02%，湿面筋含量 31.0%、32.9%，稳定时间 10.3 分、13.6 分。主要品质指标达到强筋小麦标准。

6. **栽培要点**　适宜播种期 10 月上中旬，每亩适宜基本苗 15 万 ~22 万株，注意防治蚜虫、白粉病、纹枯病、赤霉病等病虫害。

7. **审定意见**　适宜黄淮冬麦区南片的河南省除信阳市和南阳市南部部分地区以外的平原灌区，陕西省西安、渭南、咸阳、铜川和宝鸡市灌区，江苏和安徽两省淮河以北地区高中水肥地块中茬种植。

五、藁优 5218

1. **品种审定编号**　豫审麦 20190056。

2. **特征特性**　弱春性偏半冬品种（2016 年冬春性鉴定结果为春性类，春播抽穗率 33.5%），全生育期 219.7~229.0 天，平均熟期比对照品种偃展 4110 晚熟 0.2 天。幼苗半匍匐，叶色浓绿，苗势一般，分蘖力较强，成穗率一般。春季起身拔节早，两极分化快，耐倒春寒能力一般。株高 75.7~84.6 厘米，株型较松散，抗倒性一般。旗叶窄短，穗层整齐，熟相一般。穗近长方形，长芒，白壳，白粒，籽粒角质，饱满度一般。亩穗数 36.5 万 ~42.9 万穗，穗粒数 31.0~37.3 粒，千粒重 32.1~37.7 克。

3. **抗性鉴定**　中抗白粉病，中感条锈病、叶锈病和纹枯病，高感赤霉病。

4. **产量表现**　2016~2017 年度河南省强筋组区域试验，10 点汇总，达标点率 90%，平均亩产 454.6 千克，比对照品种偃展 4110 增产 1.3%。2017~2018 年度续试，11 点汇总，达标点率 72.7%，平均亩产 386.0 千克，比对照品种偃展 4110 增产 0.7%。2017~2018 年度生产试验，11 点汇总，达标点率 100%，平均亩产 408.6 千克，比对照品种偃展 4110 增产 3.8%。

5. **品质鉴定**　2017 年、2018 年检测：蛋白质含量 15.8%、15.9%，容重 802 克 / 升、788 克 / 升，湿面筋含量 31.2%、35.2%，吸水量 62.2 毫升 /100 克、58.1 毫升 /100 克，稳定时间 22.3 分、14.4 分，拉伸面积 106 厘米^2、134 厘米^2，最大拉伸阻力 539EU、584EU。品质指标达到强筋小麦标准。

6. **栽培要点**　适宜播种期 10 月中下旬，每亩适宜基本苗 16 万 ~18 万株。注意防治蚜虫、赤霉病、条锈病、叶锈病和纹枯病等病虫害，注意预防倒春寒，注意防止倒伏。

7. **审定意见**　适宜河南省（南部长江中下游麦区除外）中晚茬地种植。

第二节　中强筋小麦品种

一、郑麦 7698

1. 品种审定编号　国审麦 2012009，豫审麦 2011008。

2. 特征特性　半冬性多穗型中晚熟品种，成熟期比对照周麦 18 晚 0.3 天。幼苗半匍匐，苗势较壮，叶窄短，叶色深绿，分蘖力较强，成穗率低，冬季抗寒性较好。春季起身拔节迟，春生分蘖略多，两极分化快，抽穗晚。抗倒春寒能力一般，穗部虚尖、缺粒现象较明显。株高平均 77 厘米，茎秆弹性一般，抗倒性中等。株型较紧凑，旗叶宽长上冲，蜡质重。穗层厚，穗多穗匀。后期根系活力较强，熟相较好，穗长方形，籽粒角质，均匀，饱满度一般。2010 年、2011 年区域试验平均亩穗数 38.0 万穗、41.5 万穗，穗粒数 34.3 粒、35.5 粒，千粒重 44.4 克、43.6 克。前中期对肥水较敏感，肥力偏低的地块成穗数少。

3. 抗病性鉴定　抗条锈病，高感叶锈病、白粉病、纹枯病和赤霉病。

4. 产量表现　2009~2010 年度参加黄淮冬麦区南片区域试验，平均亩产 513.3 千克，比对照周麦 18 增产 3.0%；2010~2011 年度续试，平均亩产 581.4 千克，比周麦 18 增产 3.4%。2011~2012 年度生产试验，平均亩产 499.7 千克，比周麦 18 增产 2.6%。

5. 品质鉴定　籽粒容重 810 克/升、818 克/升，蛋白质含量 14.79%、14.25%，籽粒硬度指数 69.7（2011 年），面粉湿面筋含量 31.4%、30.4%，沉降值 40.0 毫升、33.1 毫升，吸水率 61.1%、60.8%，面团稳定时间 9.7 分、7.4 分，最大拉伸阻力 574EU、362EU，延伸性 148 毫米、133 毫米，拉伸面积 108 厘米^2、66 厘米^2。

6. 栽培要点　10 月上中旬播种，亩基本苗 12 万~20 万株。注意防治白粉病、纹枯病和赤霉病等病虫害。

7. 审定意见　适宜在黄淮冬麦区南片的河南中北部、安徽北部、江苏北部、陕西关中地区高中水肥地块早中茬种植。

二、西农 979

1. 品种审定编号　国审麦 2005005。

2. 特征特性　西农 979 的幼苗匍匐，叶片较窄，分蘖力强，成穗率较高。株高 75 厘米左右，茎秆弹性好，株型略松散，穗层整齐，旗叶窄长、上冲。穗纺锤形，长芒，白壳，白粒，籽粒角质，较饱满，色泽光亮，黑胚率低。平均亩穗数 42.7 万穗，穗粒数 32 粒，千粒重 40.3 克。苗期长势一般，越冬抗寒性好，抗倒春寒能力稍弱；抗倒伏能力强；不耐后期高温，有早衰现象，熟相一般。获 2019 年国家科技进步二等奖。

3. **抗病性鉴定**　中抗至高抗条锈病，慢感锈病，中感赤霉病和纹枯病，高感叶锈病和白粉病。田间自然鉴定，高感叶枯病。

4. **产量表现**　2004 年和 2005 年国家黄淮区域试验，平均亩产分别为 536.8 千克和 482.2 千克，较优质对照藁麦 8901 分别增产 5.62% 和 6.35%。

5. **品质鉴定**　2004 年、2005 年分别测定混合样：容重 804 克/升、784 克/升，蛋白质（干基）含量 13.96%、15.39%，湿面筋含量 29.4%、32.3%，沉降值 41.7 毫升、49.7 毫升，吸水率 64.8%、62.4%，面团形成时间 4.5 分、6.1 分，稳定时间 8.7 分、17.9 分，最大抗延阻力 440EU、564EU，拉伸面积 94 厘米^2、121 厘米^2。属强筋品种。

6. **栽培要点**　选用地力水平为 400 千克以上的肥水地种植，施足基肥，有机肥与无机肥配合，氮肥与磷肥配施，基肥中氮肥用量占全生育期氮肥用量 70%~75%。适播期为 10 月上中旬，亩播种量 6~8 千克，基本苗每亩 12 万~15 万株，亩成穗 40 万~45 万穗。适时冬灌，酌情春灌，旱年浇好灌浆水，结合冬灌追施氮肥，氮肥追肥量占全生育期氮肥总用量的 25%~30%，留 2%~3% 的氮肥用于抽穗灌浆期叶面追肥。在白粉病和条锈病重发区或重发年份，及时防治白粉病和条锈病，在小麦抽穗开花期及时进行"一喷三防"，结合"一喷三防"，喷施磷酸二氢钾，延长叶功能期，增加千粒重，确保优质高产。

7. **审定意见**　2005 年国家和陕西省农作物品种审定委员会审定，适宜在黄淮冬麦区南片的河南省中北部、安徽省北部、江苏省北部、陕西省关中地区、山东省菏泽中高产水肥地早中茬种植。

三、郑麦 369

1. **品种审定编号**　国审麦 20180030。

2. **特征特性**　半冬性，生育期 229 天，比对照品种周麦 18 早熟 1 天。幼苗半直立，叶片窄长，叶色浓绿，分蘖力中等，耐倒春寒能力一般。株高 83.1 厘米，株型稍松散，茎秆弹性好，抗倒性较好。旗叶细小、上冲，穗层较厚，熟相好。穗纺锤形，短芒，白壳，白粒，籽粒角质，饱满度较好。亩穗数 42.3 万穗，穗粒数 30.3 粒，千粒重 46.6 克。其吸水率高的特性，深受广大企业青睐，多家面粉企业以订单的形式加价收购。

3. **抗性鉴定**　高感叶锈病、白粉病、赤霉病，中感纹枯病，中抗条锈病。

4. **产量表现**　2014~2015 年度参加黄淮冬麦区南片冬水组品种区域试验，平均亩产 533.0 千克，比对照周麦 18 增产 3.4%；2015~2016 年度续试，平均亩产 541.5 千克，比周麦 18 增产 5.5%。2016~2017 年度生产试验，平均亩产 568.3 千克，比对照增产 4.6%。

5. **品质鉴定**　2 个年度区域试验品质检测：籽粒容重 816 克/升、814 克/升，蛋白质含量

14.71%、13.85%，湿面筋含量 30.9%、31.4%，稳定时间 4.8 分、6.9 分。

6. **栽培要点**　适宜播种期 10 月上中旬，每亩适宜基本苗 12 万 ~20 万株，注意防治蚜虫、叶锈病、白粉病、赤霉病、纹枯病等病虫害。

7. **审定意见**　适宜河南省除信阳市和南阳市南部部分地区以外的平原灌区，陕西省西安市、渭南市、咸阳市、铜川市和宝鸡市灌区，江苏和安徽两省淮河以北地区高中水肥地块中茬种植。

四、郑麦 379

1. **品种审定编号**　豫审麦 2012009，国审麦 2016013。

2. **特征特性**　半冬性，全生育期 227 天，比对照品种周麦 18 晚熟 1 天。幼苗半匍匐，苗势壮，叶片窄长，叶色浓绿，冬季抗寒性较好。分蘖力较强，成穗率较低。春季起身拔节迟，两极分化较快，耐倒春寒能力一般。耐后期高温能力中等。株高 81.8 厘米，茎秆弹性较好，抗倒性较好。株型稍松散，旗叶窄长、上冲，穗层厚。穗纺锤形，小穗较稀，长芒，白壳，白粒，籽粒角质、饱满。亩穗数 40.5 万穗，穗粒数 31.1 粒，千粒重 47.2 克。

3. **抗性鉴定**　慢条锈病，高感叶锈病、白粉病、赤霉病、纹枯病。

4. **产量表现**　2012~2013 年度参加黄淮冬麦区南片冬水组品种区域试验，平均亩产 476.9 千克，比对照品种周麦 18 增产 2.9%；2013~2014 年度续试，平均亩产 585.7 千克，比周麦 18 增产 4.7%。2014~2015 年度生产试验，平均亩产 546.2 千克，比周麦 18 增产 3.5%。

5. **品质鉴定**　籽粒容重 815 克 / 升，蛋白质含量 14.52%，湿面筋含量 30.9%，沉降值 29.6 毫升，吸水率 59.9%，稳定时间 5.5 分，最大拉伸阻力 314EU，延伸性 139 毫米，拉伸面积 60 厘米^2。

6. **栽培要点**　适宜播种期 10 月上中旬，每亩适宜基本苗 15 万 ~20 万株。注意防治叶锈病、白粉病、纹枯病和赤霉病等病虫害。

7. **审定意见**　适宜黄淮冬麦区南片的河南驻马店市及以北地区、安徽淮北地区、江苏淮北地区、陕西关中地区高中水肥地块早中茬种植。

五、郑麦 583

1. **品种审定编号**　豫审麦 2012003。

2. **特征特性**　半冬性中晚熟品种，平均生育期 224.2 天，比对照品种周麦 18 号早熟 0.3 天。幼苗半匍匐，叶色深绿，长势壮，冬季抗寒性较好，分蘖力较强；春季返青晚，起身慢，抗倒春寒能力强，成穗率一般，穗层整齐；成株期株型偏紧凑，穗下节偏短，旗叶偏长半披，平均株高 79 厘米，茎秆弹性较好，抗倒伏能力一般。中短芒，穗偏大、均匀，结实性好；籽粒角质，饱满度好。根系活力强，落黄好。2010~2011 年度产量构成三要素为：平均亩成穗数 44.6 万穗，穗粒数 31.9 粒，千粒重 45.5 克。

2011~2012年度产量构成三要素：平均亩成穗数40.1万穗，穗粒数33.3粒，千粒重44.0克。

3. 抗性鉴定 2011年经河南省农业科学院植保所接种鉴定：中抗叶枯病，中感白粉病、条锈病、叶锈病和纹枯病，高感赤霉病。

4. 产量表现 2008~2009年度河南省冬水Ⅰ组区域试验，12点汇总，4点增产，8点减产，平均亩产487.5千克，比对照品种周麦18号减产3.17%，不显著，居13个参试品种的第八位；因品质测试结果滞后，2009~2010年缺试。2010~2011年度河南省冬水Ⅰ组区域试验，13点汇总，4点增产，8点减产，平均亩产558.4千克，比对照品种周麦18号减产1.59%，不显著，居15个参试品种的第十一位。2011~2012年度河南省冬水Ⅰ组生产试验，11点汇总，10点增产，1点减产，平均亩产518.0千克，比对照品种周麦18号增产3.8%，居7个参试品种的第五位。

5. 品质鉴定 2009年区域试验混合样品质分析结果（郑州）：蛋白质15.52%，容重779克/升，湿面筋33.8%，降落数值408秒，吸水量57.9毫升/100克，形成时间4.2分，稳定时间7.2分，弱化度49FU，沉淀值72.0毫升，硬度63HI，出粉率66.7%。2011年区试混合样品质分析结果（郑州）：蛋白质16.03%，容重810克/升，湿面筋36.6%，降落数值444秒，吸水量61.1毫升/100克，形成时间4.2分，稳定时间8分，弱化度49FU，沉淀值75毫升，硬度67HI，出粉率72.4%。

6. 栽培要点

1）播期和播量 适宜早中茬地块种植，适宜播种期为10月上中旬。适宜播种期内，基本苗以每亩12万~16万株为宜，晚播可适当增加播量。

2）田间管理 一般亩施农家肥3~4米³，氮、磷、钾科学搭配，以1∶1∶0.8为宜。尿素12~15千克，磷酸二铵20千克，氯化钾10千克（也可施相当量碳酸氢铵、磷肥和钾肥）。浇好底墒水，做到足墒下种，一播全苗；春季管理应推迟，适当控制群体，防止亩穗数过多而发生倒伏。抽穗至灌浆期结合"一喷三防"正常防治即可，复配药包括粉锈宁和杀虫剂。注意防治蚜虫，特别是穗蚜要及时防治。

7. 审定意见 河南省（南部稻茬麦区除外）早中茬中高肥力地种植。

六、郑麦119

1. 品种审定编号 豫审麦2014030，鄂审麦2015002。

2. 特征特性 半冬性中熟强筋品种，生育期203~212.4天。幼苗半直立，叶片短宽，长势旺，叶色浓绿；春季返青起身晚，两极分化快，分蘖力中等，成穗率一般；株型偏紧凑，旗叶宽短上举，穗下节短，穗层整齐，株高77~78厘米，茎秆弹性好，抗倒性好；长方形穗，长芒，白壳，白粒，角质，饱满度较好，黑胚率低；耐后期高温，成熟偏晚，熟相好。产量三要素：亩穗数38万穗左右，穗粒数37粒左右，千粒重47克左右。

3. 产量表现 2009~2010年度，参加河南省南部组预试，折合亩产591.6千克，比对照品种增产26.4%；2010~2011年度参加多点产比试验，平均折合亩产487.1千克，比对照品种增产11.0%；

2011~2012 年度河南省南部组区域试验，5 点汇总，5 点增产，比对照品种增产 8.4%，极显著；2012~2014 年度河南省南部组生产试验，分别比对照品种偃展 4110 增产 2.1%、5.9%。

4. **抗性鉴定** 2011~2013 年河南省农业科学院植物保护研究所接种鉴定：中抗条锈病、白粉病；中感叶锈病、纹枯病，中感赤霉病；田间自然发病轻。

5. **品质鉴定** 2012 年农业部农产品质量监督检验测试中心（郑州）检测：蛋白质含量 15.55%，容重 765 克/升，湿面筋含量 32.8%，形成时间 8.7 分，稳定时间 13.5 分。2013 年农业部农产品质量监督检验测试中心（郑州）检测：蛋白质含量 16.36%，容重 786 克/升，湿面筋含量 30.3%，形成时间 6.3 分，稳定时间 7.7 分。

6. **栽培要点** 适宜播种期 10 月中下旬，每亩适宜基本苗 12 万 ~20 万株，注意防治蚜虫、条锈病、叶锈病、纹枯病、白粉病和赤霉病等病虫害。倒春寒频发区慎用。

7. **审定意见** 适宜河南省除信阳市和南阳市南部部分地区以外的平原灌区，陕西省西安市、渭南市、咸阳市、铜川市和宝鸡市灌区，江苏和安徽两省淮河以北地区高中水肥地块中晚茬种植。

七、郑麦 3596

1. **品种审定编号** 豫审麦 2014002。

2. **特征特性** 半冬性中晚熟强筋品种，全生育期 225.6~234.9 天。幼苗半匍匐，叶色深绿、宽大，冬季抗寒性强；分蘖力中等，成穗率高；春季起身拔节早，两极分化快，抽穗早；成株期株型紧凑，旗叶偏小、上冲、有干尖，穗下节短，株高 75~76.6 厘米，茎秆弹性好，抗倒伏能力强；穗纺锤形，大小均匀，籽粒卵圆形，角质率高，饱满度好，外观商品性好；根系活力好，叶功能期长，较耐后期高温，成熟落黄好。产量构成三要素：亩成穗数 40.2 万 ~46.7 万穗，穗粒数 30.4~33.7 粒，千粒重 39.9~41.4 克。

3. **抗性鉴定** 中感条锈病、叶锈病、白粉病和纹枯病，高感赤霉病。

4. **产量表现** 2010~2011 年度河南省冬水Ⅲ组区域试验，13 点汇总，5 点增产，8 点减产，增产点率 38.5%，平均亩产 561.1 千克，比对照品种周麦 18 号减产 0.3%，不显著，居 15 个参试品种的第七位；2011~2012 年度河南省冬水Ⅱ组区域试验，14 点汇总，5 点增产，9 点减产，增产点率 35.7%，平均亩产 455.1 千克，比对照品种周麦 18 号减产 1.5%，不显著，居 15 个参试品种的第十位。2012~2013 年参加河南省冬水 A 组生产试验，14 点汇总，11 点增产，3 点减产，增产点率 78.6%，平均亩产 459.9 千克，比对照品种周麦 18 号增产 0.5%，居 6 个参试品种的第五位。

5. **品质鉴定** 2011 年蛋白质 16.14%，容重 799 克/升，湿面筋 33.2%，降落数值 513 秒，沉淀值 77.8 毫升，吸水量 61.6 毫升/100 克，形成时间 11.8 分，稳定时间 18.6 分，弱化度 30FU，硬度 69HI，出粉率 70.8%；2012 年蛋白质 15.99%，容重 798 克/升，湿面筋 33.8%，降落数值 398 秒，沉淀值 86 毫升，吸水量 64.3 毫升/100 克，形成时间 7.6 分，稳定时间 13.3 分，弱化度 40FU，硬度 70HI，出粉率 70.0%。品质达到强筋小麦品种标准。

6. **栽培要点** 适宜播种期 10 月上中旬，高肥力地块亩播种量 8~10 千克，中低肥力地块亩播种量 10~12 千克，晚播适当增加播种量。

施足底肥，一般亩施农家肥 3~4 米³，氮、磷、钾科学搭配，以 1：1：0.8 为宜；浇好底墒水，足墒下种，一播全苗；若旋耕后直接播种，冬前必须浇 1 次越冬水，踏实耕层，培育壮苗；在小麦起身拔节期，茎基部喷洒粉锈宁或烯唑醇防治纹枯病；抽穗至灌浆期结合"一喷三防"防治病虫害。

7. **审定意见** 适宜河南省（南部稻茬麦区除外）早中茬中高肥力地种植。

八、郑麦 158

1. **审定编号** 豫审麦 20190058。

2. **特征特性** 半冬性品种，全生育期 220.9~229.5 天，平均熟期比对照品种周麦 18 晚熟 0.1 天。幼苗半直立，叶色浓绿，苗势壮，分蘖力一般，成穗率较高。春季起身拔节早，两极分化快，抽穗早，耐倒春寒能力一般。株高 75.0~81.8 厘米，株型紧凑，抗倒性一般。旗叶宽短，穗层整齐，熟相好。穗纺锤形，长芒，白壳，红粒，籽粒角质，饱满度较好。亩穗数 37.6 万 ~41.9 万穗，穗粒数 27.8~34.0 粒，千粒重 39.3~45.0 克。

3. **抗性鉴定** 中感条锈病和白粉病，高感叶锈病、纹枯病和赤霉病。

4. **产量表现** 2016~2017 年度河南省强筋组区域试验，10 点汇总，达标点率 80.0%，平均亩产 511.0 千克，比对照品种周麦 18 增产 1.1%；2017~2018 年度续试，11 点汇总，达标点率 63.6%，平均亩产 383.8 千克，比对照品种周麦 18 减产 1.9%；2017~2018 年度生产试验，11 点汇总，达标点率 72.7%，平均亩产 411.6 千克，比对照品种周麦 18 减产 0.5%。

5. **品质鉴定** 2017 年、2018 年检测，蛋白质含量 14.6%、15.1%，容重 822 克 / 升、811 克 / 升，湿面筋含量 29.6%、32.2%，吸水量 61.2 毫升 /100 克、58.7 毫升 /100 克，稳定时间 15.8 分、10.2 分，拉伸面积 98 厘米²、126 厘米²，最大拉伸阻力 478EU、496EU。2017 年、2018 年品质指标达到中强筋小麦标准。

6. **栽培要点** 适宜播种期 10 月上中旬，每亩适宜基本苗 12 万 ~15 万株。注意防治蚜虫、叶锈病、纹枯病、赤霉病、条锈病和白粉病等病虫害，注意预防倒春寒。

7. **审定意见** 适宜河南省（南部长江中下游麦区除外）早中茬地种植。

九、郑麦 101

1. **品种审定** 编号 国审麦 2013014。

2. **特征特性** 弱春性中早熟品种，全生育期 216 天，与对照偃展 4110 熟期相当。幼苗半匍匐，长势一般，叶片细长直立，叶浓绿色。冬前分蘖力强，分蘖成穗率中等，冬季抗寒性较好。春季起身拔节迟，两极分化较快，抽穗早，对春季低温较敏感。根系活力较强，耐热性较好，成熟落黄快，熟相较好。株高 80 厘米，株型略松散，茎秆弹性好，抗倒性较好。穗层厚，旗叶窄、外卷、上冲。穗近长方形、较大码稀，长芒，白壳，白粒，籽粒角质，饱满度较好。平均亩穗数 41.6 万穗，穗粒数 33.5 粒，千粒重 41.4 克。

3. **抗性鉴定** 中抗条锈病，高感叶锈病、赤霉病、白粉病、纹枯病。

4. **产量表现** 2011~2012 年度参加黄淮冬麦区南片春水组品种区域试验，平均亩产 466.2 千克，比对照偃展 4110 增产 4.2%；2012~2013 年度续试，平均亩产 461.5 千克，比偃展 4110 增产 3.5%。2012~2013 年度生产试验，平均亩产 465.6 千克，比偃展 4110 增产 5.2%；2013~2014 年度河南省荥阳王村测产，亩产高达 799.3 千克。

5. **品质鉴定** 籽粒容重 784 克／升，蛋白质含量 15.58%，硬度指数 62.5，面粉湿面筋含量 34.6%，沉降值 40.8 毫升，吸水率 55.9%，面团稳定时间 7.1 分，最大拉伸阻力 305EU，延伸性 180 毫米，拉伸面积 76 厘米^2。品质达到强筋小麦品种标准。

6. **栽培要点** 10 月中下旬播种，每亩基本苗 18 万 ~24 万株。施足底肥，拔节期结合浇水可亩追施尿素 8~10 千克。注意防治白粉病、赤霉病和纹枯病等病虫害。

7. **审定意见** 适宜黄淮冬麦区南片的河南（南部稻茬麦区除外）、安徽北部、江苏北部、陕西关中地区高中水肥地块中晚茬种植。倒春寒频发地区注意防冻害。

十、丰德存麦 1 号

1. **品种审定编号** 国审麦 2011004。

2. **特征特性** 半冬性中晚熟品种，成熟期与对照周麦 18 相当。幼苗半匍匐，叶窄小、稍卷曲，分蘖力强，成穗率偏低。冬季抗寒性较好。春季起身拔节略晚，两极分化快，抗倒春寒能力一般。株高 77 厘米左右，株型松紧适中，旗叶短宽、上冲、浅绿色。茎秆细韧，抗倒性较好。叶功能期长，灌浆慢，熟相好。穗层整齐，结实性一般。穗纺锤形，短芒，白壳，白粒，籽粒半角质，饱满度较好，黑胚率稍偏高。亩穗数 42.8 万穗、穗粒数 32.1 粒、千粒重 44.8 克。

3. **抗性鉴定** 高感条锈病、叶锈病、白粉病、赤霉病，中感纹枯病。

4. **产量表现** 2009~2010 年度参加黄淮冬麦区南片冬水组品种区域试验，平均亩产 522.7 千克，比对照周麦 18 增产 4.4%。2010~2011 年度续试，平均亩产 589.6 千克，比对照周麦 18 增产 5.4%。2010~2011 年度生产试验，平均亩产 549 千克，比对照周麦 18 增产 4.9%。

5. **品质鉴定** 2010 年、2011 年品质测定结果分别为：籽粒容重 802 克／升、806 克／升，硬度指数 65.1（2011 年），蛋白质含量 14.98%、14.30%；面粉湿面筋含量 32.9%、31.5%，沉降值 46.0 毫升、35.1 毫升，吸水率 57.8%、58.7%，稳定时间 8.5 分、7.9 分，最大抗延阻力 448EU、374EU，延伸性 158 毫米，144 毫米，拉伸面积 92 厘米^2、74 厘米^2。品质达到强筋品种审定标准。

6. **栽培要点** 适宜播种期 10 月上中旬，每亩适宜基本苗 14 万 ~20 万株。注意防治白粉病、叶锈病和赤霉病。

7. **审定意见** 适宜在黄淮冬麦区南片的河南省（南阳、信阳除外），安徽省北部、江苏省北部、陕西省关中地区高中水肥地块早中茬种植。

十一、丰德存麦 21

1. **审定编号** 豫审麦 20190059。

2. **特征特性** 半冬性品种，全生育期 220.4~228.9 天，平均熟期比对照品种周麦 18 早熟 0.7 天。幼苗半直立，叶色浓绿，苗势壮，分蘖力强，成穗率较高。春季起身拔节早，两极分化快，抽穗早，耐倒春寒能力弱。株高 71.1~80.8 厘米，株型较紧凑，抗倒性一般。旗叶宽短，穗层整齐，熟相好。穗纺锤形，长芒，白壳，白粒，籽粒半角质，饱满度较好。亩穗数 34.8 万 ~38.8 万穗，穗粒数 27.8~35.5 粒，千粒重 39.0~44.8 克。

3. **抗性鉴定** 中感条锈病、叶锈病、白粉病和纹枯病，高感赤霉病。

4. **产量表现** 2016~2017 年度河南省强筋组区域试验，10 点汇总，达标点率 80.0%，平均亩产 508.4 千克，比对照品种周麦 18 增产 0.6%；2017~2018 年度续试，11 点汇总，达标点率 63.6%，平均亩产 366.1 千克，比对照品种周麦 18 减产 6.4%；2017~2018 年度生产试验，11 点汇总，达标点率 72.7%，平均亩产 394.9 千克，比对照品种周麦 18 减产 4.6%。

5. **品质鉴定** 2017 年、2018 年检测，蛋白质含量 15.1%、16.6%，容重 816 克 / 升、792 克 / 升，湿面筋含量 31.8%、35.9%，吸水量 59.4 毫升 /100 克、60.1 毫升 /100 克，稳定时间 14.3 分、10.4 分，拉伸面积 109 厘米 ^{2}、125 厘米 ^{2}，最大拉伸阻力 486EU、452EU。2018 年品质指标达到强筋小麦标准。

6. **栽培要点** 适宜播种期 10 月上中旬，每亩适宜基本苗 18 万 ~20 万株。注意防治蚜虫、赤霉病、条锈病、叶锈病、白粉病和纹枯病等病虫害，倒春寒易发区慎用。

7. **审定意见** 适宜河南省（南部长江中下游麦区除外）早中茬地种植。

十二、周麦 32 号

1. **品种审定** 编号国审麦 20180021。

2. **特征特性** 半冬性，全生育期 228 天，比对照品种周麦 18 早熟 2 天。幼苗半匍匐，叶片宽长，分蘖力较强，耐倒春寒能力一般。株高 78 厘米，株型较紧凑，茎秆弹性较好，抗倒性较好。旗叶短小、上冲，穗层整齐，熟相好。穗纺锤形，短芒，白壳，白粒，籽粒角质，饱满度较好。亩穗数 41.4 万穗，穗粒数 31.7 粒，千粒重 44.5 克。

3. **抗性鉴定**　经中国农业科学院植物保护研究所接种抗病性鉴定，高感叶锈病、白粉病和赤霉病，中感纹枯病，高抗条锈病。

4. **产量表现**　2014~2015 年度参加黄淮冬麦区南片冬水组品种区域试验，平均亩产 539.4 千克，比对照周麦 18 增产 4.6%。2015~2016 年度续试，平均亩产 526.6 千克，比周麦 18 增产 4.1%。2016~2017 年度生产试验，平均亩产 576.1 千克，比对照增产 6.0%。

5. **品质鉴定**　籽粒容重 808 克/升、814 克/升，蛋白质含量 15.90%、15.32%，湿面筋含量 32.5%、28.6%，稳定时间 8.7 分、8.1 分。主要品质指标达到中强筋小麦标准。

6. **栽培要点**　适宜播种期 10 月上中旬，每亩适宜基本苗 12 万~20 万株，注意防治蚜虫、叶锈病、白粉病、赤霉病、纹枯病等病虫害。

7. **审定意见**　适宜河南省除信阳市和南阳市南部部分地区以外的平原灌区，陕西省西安市、渭南市、咸阳市、铜川市和宝鸡市灌区，江苏和安徽两省淮河以北地区高中水肥地块中茬种植。

十三、周麦 30 号

1. **品种审定编号**　国审麦 2016006。

2. **特征特性**　半冬性，全生育期 226 天，与对照品种周麦 18 相当。幼苗半匍匐，苗势壮，叶片宽卷，叶色青绿，冬季抗寒性中等。分蘖力中等，成穗率一般，成穗数偏少。春季起身拔节早，两极分化快，耐倒春寒能力一般。后期根系活力强，耐后期高温，旗叶功能好，灌浆快，熟相较好。株高 80 厘米，茎秆硬，抗倒性强。株型偏紧凑，旗叶宽大，上冲，穗层整齐。穗纺锤形，穗码较密，长芒、白壳、白粒，籽粒角质，饱满度中等。亩穗数 35.3 万穗，穗粒数 36.6 粒，千粒重 46.7 克。

3. **抗性鉴定**　条锈病免疫，高抗叶锈病，高感白粉病、赤霉病、纹枯病。

4. **产量表现**　2012~2013 年度参加黄淮冬麦区南片冬水组品种区域试验，平均亩产 472.0 千克，比对照品种周麦 18 增产 1.8%。2013~2014 年度续试，平均亩产 583.8 千克，比周麦 18 增产 4.1%。2014~2015 年度生产试验，平均亩产 553.5 千克，比周麦 18 增产 5.3%。

5. **品质鉴定**　籽粒容重 802 克/升，蛋白质含量 15.66%，湿面筋含量 33.3%，沉降值 42.3 毫升，吸水率 58.2%，稳定时间 7.4 分，最大拉伸阻力 379EU，延伸性 159 毫米，拉伸面积 82 厘米^2。

6. **栽培要点**　适宜播种期 10 月上中旬，每亩适宜基本苗 16 万~22 万株。注意防治白粉病、赤霉病和纹枯病等病虫害。

7. **审定意见**　适宜黄淮冬麦区南片的河南驻马店市及以北地区、安徽淮北地区、江苏淮北地区、陕西关中地区高中水肥地块早中茬种植。

十四、西农511

1. **品种审定编号** 国审麦 20180040。

2. **特征特性** 半冬性，全生育期 233 天，比对照品种周麦 18 晚熟 1 天。幼苗匍匐，分蘖力强，耐倒春寒能力中等。株高 78.6 厘米，株型稍松散，茎秆弹性较好，抗倒性好。旗叶宽大、平展，叶色浓绿，穗层整齐，熟相好。穗纺锤形，短芒，白壳，籽粒角质，饱满度较好。亩穗数 36.9 万穗，穗粒数 38.3 粒，千粒重 42.3 克。

3. **抗性鉴定** 高感白粉病、赤霉病，中感叶锈病、纹枯病，中抗条锈病。

4. **产量表现** 2015~2016 年度参加黄淮冬麦区南片早播组品种区域试验，平均亩产 533.1 千克，比对照周麦 18 增产 5.4%。2016~2017 年度续试，平均亩产 575.8 千克，比周麦 18 增产 3.9%。2016~2017 年度生产试验，平均亩产 571.5 千克，比对照增产 4.8%。

5. **品质鉴定** 2014~2016 年品质检测，籽粒容重 815 克/升、820 克/升，蛋白质含量 14.00%、14.68%，湿面筋含量 28.2%、32.2%，稳定时间 11.2 分、13.6 分。2017 年主要品质指标达到强筋小麦标准。

6. **栽培要点** 适宜播种期 10 月上中旬，每亩适宜基本苗 12 万~20 万株，注意防治蚜虫、白粉病、赤霉病、叶锈病、纹枯病等病虫害。

7. **审定意见** 适宜河南省除信阳市和南阳市南部部分地区以外的平原灌区，陕西省西安市、渭南市、咸阳市、铜川市和宝鸡市灌区，江苏和安徽两省淮河以北地区高中水肥地块中茬种植。

十五、西农20

1. **品种审定编号** 陕审麦 2015010。

2. **特征特性** 半冬性中早熟品种，全生育期 227.1 天。幼苗半匍匐，叶色深绿，分蘖率较强；株型紧凑，平均株高 73.8 厘米，抗倒能力较强；穗长方形，籽粒卵圆形，角质。平均亩穗数 46 万穗，穗粒数 33 粒，千粒重 44 克。

3. **抗性鉴定** 中抗条锈病、叶锈病、白粉病，中感纹枯病、赤霉病。

4. **产量表现** 引种试验平均亩产 568.5 千克，比对照周麦 18 增产 3.2%。

5. **品质鉴定** 粗蛋白质（干基）含量 16.45%，湿面筋含量 32.4%，吸水率 67.6%，稳定时间 17.1 分，延伸性 176 毫米，面包体积 945 厘米³，面包评分 95 分。各项指标均达到强筋小麦标准。

6. **栽培要点** 适宜播种期为 10 月上中旬，每亩基本苗 12 万~18 万株。生产上氮肥后移提高小麦品质。注意防治蚜虫、纹枯病和赤霉病等病虫害。

7. **审定意见** 引种备案区域河南省（信阳市和南阳市南部麦区除外）早中茬地种植。

十六、中麦578

1. **品种审定** 编号 豫审麦 20190057。

2. **特征特性** 半冬性品种，全生育期 219.5~229.6 天，平均熟期比对照品种周麦 18 早熟 1 天。幼苗半直立，叶色浓绿，苗势壮，分蘖力较强，成穗率较高，冬季抗寒性好。春季起身拔节早，两极分化快，抽穗早。株高 76.8~85.7 厘米，株型较紧凑，抗倒性中等。旗叶宽长，穗层整齐，熟相好。穗纺锤形，长芒，白壳，白粒，籽粒角质，饱满度较好。亩穗数 39.5 万 ~43.6 万穗，穗粒数 26.0~29.1 粒，千粒重 46.0~48.6 克。

3. **抗性鉴定** 中感条锈病、叶锈病、白粉病和纹枯病，高感赤霉病。

4. **产量表现** 2016~2017 年度河南省强筋组区域试验，10 点汇总，达标点率 90%，平均亩产 526.0 千克，比对照品种周麦 18 增产 4.1%。2017~2018 年度续试，11 点汇总，达标点率 90.9%，平均亩产 426.3 千克，比对照品种周麦 18 增产 9.0%。2017~2018 年度生产试验，11 点汇总，达标点率 100%，平均亩产 444.2 千克，比对照品种周麦 18 增产 7.4%。

5. **品质鉴定** 2017 年、2018 年检测，蛋白质含量 15.1%、16.3%，容重 821 克 / 升、803 克 / 升，湿面筋含量 30.8%、32.6%，吸水量 61.6 毫升 /100 克、57.6 毫升 /100 克，稳定时间 18.0 分、12.7 分，拉伸面积 131 厘米^2、140 厘米^2，最大拉伸阻力 676EU、596EU。品质指标达到强筋小麦标准。

6. **栽培要点** 适宜播种期 10 月上中旬，每亩适宜基本苗 16 万 ~18 万株。注意防治蚜虫、赤霉病、条锈病、叶锈病、白粉病和纹枯病等病虫害，注意预防倒春寒。

7. **审定意见** 适宜河南省（南部长江中下游麦区除外）早中茬地种植。

十七、泛育麦17

1. **品种审定编号** 国审麦 20190009。

2. **特征特性** 半冬性，全生育期 232 天，与对照品种周麦 18 熟期相当。幼苗半匍匐，叶片细长，叶色黄绿，分蘖力中等。株高 83 厘米，株型较紧凑，抗倒性一般。旗叶上举，整齐度好，穗层整齐，熟相较好。穗纺锤形，短芒，白壳，白粒，籽粒角质，饱满度较好。亩穗数 39.3 万穗，穗粒数 35.1 粒，千粒重 43.6 克。

3. **抗性鉴定** 叶锈病免疫，高抗条锈病，中感纹枯病，高感赤霉病和白粉病。

4. **产量表现** 2015~2016 年度参加黄淮冬麦区南片水地早播组区域试验，平均亩产 537.9 千克，比对照周麦 18 增产 4.8%。2016~2017 年度续试，平均亩产 578.6 千克，比对照增产 3.8%。2017~2018 年度生产试验，平均亩产 487.6 千克，比对照增产 4.4%。

5. **品质鉴定** 区域试验两年品质检测结果，籽粒容重 778 克 / 升、788 克 / 升，蛋白质含量 14.45%、14.04%，湿面筋含量 27.5%、29.7%，稳定时间 10.7 分、17.3 分，吸水率 58%，最大拉伸阻力 637EU，拉伸面积 142 厘米 ^{2}。品质指标达到中强筋小麦品种审定标准。

6. **栽培要点** 适宜播种期 10 月上中旬，每亩适宜基本苗 14 万 ~20 万株，注意防治蚜虫、白粉病、纹枯病和赤霉病等病虫害。高水肥地块注意防止倒伏。

7. **审定意见** 适宜河南省除信阳市和南阳市南部部分地区以外的平原灌区，陕西省西安市、渭南市、咸阳市、铜川市和宝鸡市灌区，江苏和安徽两省淮河以北地区高中水肥地块早中茬种植。

十八、安科 1405

1. **品种审定编号** 国审麦 20190032。

2. **特征特性** 半冬性，全生育期 230 天，比对照品种周麦 18 早熟 1 天。幼苗半匍匐，叶片窄，叶色绿，分蘖力较强。株高 82 厘米，株型较紧凑，抗倒性较好。旗叶上举、整齐度好，穗层整齐。穗纺锤形，长芒，白壳，白粒，籽粒半角质，饱满度中等。亩穗数 41.9 万穗，穗粒数 36.1 粒，千粒重 37.8 克。

3. **抗性鉴定** 中感条锈病和纹枯病，高感叶锈病、白粉病和赤霉病。

4. **产量表现** 2015~2016 年度参加黄淮冬麦区南片水地晚播组区域试验，平均亩产 530.5 千克，比对照周麦 18 增产 3.4%。2016~2017 年度续试，平均亩产 549.1 千克，比对照增产 0.8%。2017~2018 年度生产试验，平均亩产 470.5 千克，比对照增产 2.3%。

5. **品质鉴定** 区域试验两年品质检测结果，容重 809 克 / 升、818 克 / 升，蛋白质含量 13.41%、14.40%，湿面筋含量 29.8%、33.9%，稳定时间 8.2 分、8 分，吸水率 58.6%，最大拉伸阻力 489EU，拉伸面积 111 厘米 ^{2}。品质指标达到中强筋小麦标准。

6. **栽培要点** 适宜播种期 10 月上中旬，每亩适宜基本苗 15 万 ~18 万株，注意防治蚜虫、条锈病、叶锈病、纹枯病、白粉病和赤霉病等病虫害。

7. **审定意见** 适宜河南省除信阳市和南阳市南部部分地区以外的平原灌区，陕西省西安市、渭南市、咸阳市、铜川市和宝鸡市灌区，江苏和安徽两省淮河以北地区高中水肥地块早中茬种植。

十九、锦绣 21

1. **品种审定编号** 国审麦 20180023。

2. **特征特性** 半冬性，全生育期 230 天，与对照品种周麦 18 熟期相当。幼苗近匍匐，叶片宽长，分蘖力较强，耐倒春寒能力中等。株高 78.5 厘米，株型稍松散，茎秆弹性中等，抗倒性中等。旗叶宽大、平展，穗层厚，熟相一般。穗长方形，长芒，白壳，白粒，籽粒半角质，饱满度中等。亩穗数 39.7 万穗，穗粒数 34.3 粒，千粒重 44.2 克。

3. **抗性鉴定** 高感白粉病和赤霉病，中感叶锈病和纹枯病，中抗条锈病。

4. **产量表现** 2014~2015 年度参加黄淮冬麦区南片冬水组品种区域试验，平均亩产 543.2 千克，比对照周麦 18 增产 5.3%。2015~2016 年度续试，平均亩产 536.3 千克，比周麦 18 增产 6.1%。2016~2017 年度生产试验，平均亩产 575.2 千克，比对照周麦 18 增产 5.9%。

5. **品质鉴定**　籽粒容重 824 克/升、828 克/升，蛋白质含量 14.30%、14.74%，湿面筋含量 28.2%、30.6%，稳定时间 8.2 分、16.4 分。主要品质指标达到强筋小麦标准。

6. **栽培要点**　适宜播种期 10 月上中旬，每亩适宜基本苗 12 万~20 万株，注意防治蚜虫、白粉病、赤霉病、叶锈病、纹枯病等病虫害。高水肥地块注意防止倒伏。

7. **审定意见**　适宜河南省除信阳市和南阳市南部部分地区以外的平原灌区，陕西省西安市、渭南市、咸阳市、铜川市和宝鸡市灌区，江苏和安徽两省淮河以北地区高中水肥地块中茬种植。

二十、囤麦 257

1. **品种审定编号**　豫审麦 20180041。

2. **特征特性**　弱春性偏半冬品种，全生育期 223~233 天，幼苗半匍匐，苗期叶片窄长，分蘖力强。春季起身拔节较早，两极分化较慢，耐倒春寒能力一般。株高 77.2~86.3 厘米，株型较紧凑，茎秆弹性一般，抗倒性一般。旗叶上举，穗下节较长。不耐后期高温，熟相一般。穗纺锤形，长芒，白壳，白粒，籽粒半角质，饱满度中等。亩穗数 40.7 万~45.5 万穗，穗粒数 29.6~35.0 粒，千粒重 41.3~42.7 克。

3. **抗性鉴定**　中感条锈病和白粉病，高感叶锈病、纹枯病和赤霉病。

4. **产量表现**　2014~2015 年度参加河南省小麦冬水组区域试验，增产点率 50%，平均亩产 516.8 千克，比对照减产 0.2%，不显著。2015~2016 年度续试，增产点率 75.0%，平均亩产 545.9 千克，比对照增产 5.1%。2016~2017 年度春水组生产试验，增产点率 86.7%，平均亩产 491.3 千克，比对照增产 4.8%。

5. **品质鉴定**　2015 年检测，蛋白质含量 14.53%，容重 823 克/升，湿面筋含量 31.1%，降落数值 457 秒，沉淀指数 78 毫升，吸水量 62.2 毫升/100 克，形成时间 5.0 分，稳定时间 5.8 分，弱化度 51FU，出粉率 69.7%，硬度 67HI；2016 年检测，主要品质指标达到中强筋小麦标准，蛋白质含量 14.09%，容重 794 克/升，湿面筋含量 31.7%，降落数值 456 秒，沉淀指数 72 毫升，吸水量 58.9 毫升/100 克，形成时间 9.2 分，稳定时间 26.2 分，弱化度 14FU，出粉率 69.2%，硬度 70HI，延伸性 174 毫米，最大拉伸阻力 409EU，拉伸面积 93 厘米 ^{2}。

6. **栽培要点**　适宜播种期 10 月上旬至 10 月底，每亩适宜基本苗 16 万~20 万株。注意防治蚜虫、条锈病、叶锈病、白粉病、赤霉病和纹枯病等病虫害。

7. **审定意见**　适宜河南省（南部长江中下游麦区除外）中晚茬地种植。

第三节　弱筋小麦品种

一、扬麦 15

1. 品种审定编号　苏审麦 200502。

2. 特征特性　品种春性，中熟，比扬麦 158 迟熟 1~2 天；分蘖力较强，株型紧凑，株高 80 厘米，抗倒性强；幼苗半直立，生长健壮，叶片宽长，叶色深绿，长相清秀；穗棍棒形，长芒，白壳，大穗大粒，籽粒红皮粉质，每穗 36 粒，籽粒饱满，粒红，千粒重 42 克；分蘖力中等，成穗率高，每亩 30 万穗左右。

3. 抗性鉴定　中抗至中感赤霉病，中抗纹枯病，中感白粉病。耐肥抗倒，耐寒、耐湿性较好。

4. 产量表现　2001~2003 年度参加江苏省区域试验，两年平均亩产 352.0 千克，比对照扬麦 158 增产 4.61%。2003~2004 年度生产试验平均亩产 424.42 千克，较对照扬麦 158 增产 9.41%。

5. 品质鉴定　2003 年农业部谷物品质监督检验测试中心检测结果：水分 9.7%，粗蛋白（干基）10.24%，容重 796 克 / 升，湿面筋含量 19.7%，沉降值 23.1 毫升，吸水率 54.1%，形成时间 1.4 分，稳定时间 1.1 分，达到国家优质弱筋小麦的标准，适宜作为优质饼干、糕点专用小麦生产。

6. 栽培要点　适期播种：适宜播种期为 10 月下旬至 11 月初，最适播期为 10 月 24~31 日。作为弱筋小麦种植，一般每亩施纯氮 12 千克，肥料运筹为基肥：平衡肥：拔节孕穗肥为 7 ∶ 1 ∶ 2。基肥应有机肥与无机肥结合，注意磷、钾肥的配合使用。田间沟系配套，防止明涝暗渍。及时化学防除杂草，加强赤霉病的防治，并根据病虫测报及时做好白粉病、纹枯病及蚜虫等防治。

7. 审定意见　适宜江苏省淮南麦区种植。作为优质弱筋专用小麦，该品种适宜在长江下游麦区沙土至砂壤土地区推广应用。

二、扬麦 13 号

1. 品种审定编号　苏审麦 200301。

2. 特征特性　春性，中早熟，熟期与扬麦 158 相仿。幼苗直立，分蘖力中等，成穗率高，长势旺盛，株高 85 厘米左右，茎秆粗壮，耐肥抗倒。长芒，白壳，红粒，粉质。大穗大粒，每亩有效穗 28 万 ~30 万穗，每穗结实粒数 40~42 粒，千粒重 40 克，容重 800 克 / 升左右。灌浆速度快，熟相较好。

3. 抗性鉴定　高抗白粉病、纹枯病轻，中感、中抗赤霉病，耐寒性、耐湿性较好。

4. 产量表现　2001~2002 年度参加江苏省淮南片弱筋组区域试验，平均亩产 386.9 千克，比对照扬麦 158 增产 6.81%。2001 年度扬州生产示范中平均产量为 528.4 千克 / 亩，较对照扬麦 158 增产

10.2%，2002 年度生产示范平均亩产 476.2 千克，较对照扬麦 158 增产 6.9%。

5. **品质鉴定**　2003 年农业部谷物品质监督检验测试中心检测结果：粗蛋白（干基）10.24%，容重796 克 / 升，湿面筋含量 19.7%，沉降值 23.1 毫升，降落值 339 秒，吸水率 54.1%，形成时间 1.4 分，稳定时间 1.1 分，达到国家优质弱筋小麦的标准，适宜作为优质饼干、糕点专用小麦生产。

6. **栽培要点**　适播期在 10 月 25 日至 11 月 5 日，每亩基本苗控制在 15 万 ~18 万株。全生育期施纯氮量 12 千克 / 亩，亩施磷肥、钾肥 5~6 千克。肥料运筹上，氮肥底施 70%、追施 30%；追肥中平衡接力肥占 10%~15%，拔节肥占 15% 左右，于倒 3 叶期施用；磷、钾肥底肥：追肥为 5 ∶ 5，施用追肥时间为 5~7 叶期。前中期注意除草，中后期注意防治纹枯病、锈病、赤霉病及虫害。

7. **审定意见**　适宜在长江下游麦区沙土至砂壤土地区推广应用。

参考文献

［1］ 王绍中,田云峰,郭天财,等.河南小麦栽培学新编[M].北京:中国农业科学出版社,2010.

［2］ 许为钢,曹广才,魏湜.中国专用小麦育种与栽培[M].北京:中国农业出版社,2006.

［3］ 农业部小麦专家指导组.全国小麦高产创建技术读本[M].北京:中国农业出版社,2012.

［4］ 季书勤,王绍中,杨胜利.专用优质小麦与栽培技术[M].北京:气象出版社,2000.

［5］ 李向东,王绍中.小麦丰优高效栽培技术与机理[M].北京:中国农业出版社,2017.

［6］ 郭天财,王永华,李向东.一本书明白小麦绿色高效生产技术[M].郑州:中原农民出版社,2019.

［7］ 赵广才,常旭虹,杨玉双,等.冬小麦高产高效应变栽培技术研究[J].麦类作物学报,2009,29(4):690-695.

［8］ 姜晓飞,王建军,高兴平,等.黄淮海地区-山东省兰陵县小麦宽幅精播栽培技术应用[J].农业科技通讯,2015(3):204-205.

［9］ 郝有明,李岩华,霍成斌.播期、播量对冬小麦产量及产量构成因素的影响[J].山西农业科学,2011,39(5):422-424,473.

［10］ 孙本普,王勇,李秀云,等.不同年份的气候和栽培条件对冬小麦产量构成因素的影响[J].麦类作物学报,2004,24(2):83-87.

［11］ 周继泽,欧行奇,王永霞,等.河南省五大主导小麦品种适宜播量研究[J].农学学报,2019,9(2):1-6.

［12］ 李兰真,汤景华,汤新海,等.不同类型小麦品种播期、播量研究[J].河南农业科学,2007(11):38-41.

［13］ 史印山,尤凤春,魏瑞江,等.河北省干热风对小麦千粒重影响分析[J].气象科技,2007,35(5):699-702.

［14］ 赵辉.花后高温及水分逆境对小麦籽粒品质形成的生理影响[D].南京:南京农业大学,2007.

［15］ WARDLAW I. Interaction between drought and chromic high temperature during kernel filling in wheat in a controlled environment [J]. Annals of Botanr, 2002, 90: 469-476.

［16］ 赵圣菊,姚彩文,霍治国.我国小麦赤霉病地域分布的气候分区[J].中国农业科学,1991,24(1):60-66.

［17］ 李进永,张大友,许建权,等.小麦赤霉病的发生规律及防治策略[J].上海农业科技,2008(4):113-113.

［18］ 黄广才.华北小麦[M].北京:中国农业出版社,2001.

[19]　常绍安, 李全林. 后期灌溉对强筋小麦产量和品质的影响[J]. 河南科技学院学报(自然科学版),
　　　　2008, 36(2): 10-11.

[20]　雷振生, 吴政卿, 田云峰, 等. 生态环境变异对优质强筋小麦品质性状的影响[J]. 华北农学报, 2005,
　　　　20(3): 1-4.

[21]　雷振生, 徐立新, 吴政卿, 等. 水肥运筹和化学调控对强筋小麦品质的影响[J]. 华北农学报, 2006,
　　　　21(4): 71-74.

[22]　马广成. 小麦全程机械化高产栽培配套技术[J]. 现代农业科技, 2016(20): 29-34.

[23]　张丽娟, 吴朝阳, 于慧伶, 等. 小麦种肥同播节肥对比试验初报[J]. 安徽农学通报, 2018, 24(5):
　　　　33-33.

[24]　林作楫, 吴政卿, 王美芳, 等. 我国小麦籽粒硬度研究和应用回顾与探讨[J]. 河南农业科学,
　　　　2007(11): 31-33.

[25]　周艳华, 何中虎, 阎俊, 等. 中国小麦硬度分布及遗传分析[J]. 中国农业科学, 2002, 35(10): 1177 -1185.

[26]　郭世华, 刘丽, 于亚雄, 等. 中国冬播麦区小麦品种籽粒硬度的变异分析[J]. 西南农业学报, 2006,
　　　　19(3): 365-368.

[27]　王晓燕, 李宗智, 张彩英, 等. 全国小麦品种品质检测报告[J]. 河北农业大学学报, 1995, 18(1): 1-9.

[28]　葛秀秀, 何中虎, 杨金, 等. 我国冬小麦品种多酚氧化酶活性的遗传变异及其与品质性状的相关分
　　　　析[J]. 作物学报, 2003, 29(4): 481-485.

[29]　刘淑芬, 吴自强, 胡建平. 蒸制优质馒头与小麦品质的关系[J]. 作物杂志, 1986 (4): 27-28.

[30]　李永庚, 于振文, 张秀杰, 等. 小麦产量与品质对灌浆不同阶段高温胁迫的响应[J]. 植物生态学报,
　　　　2005, 29(3): 461-466.

[31]　朱晓兵. 小麦干热风的危害及防御措施[J]. 河南农业, 2018(25): 36.

[32]　李晶晶, 黄鹤丽, 刘素爱. 小麦干热风发生实例调查及预防措施[J]. 农业科技通讯, 2018(9): 223-
　　　　225.

[33]　张献利. 小麦冻害的发生、防御及补救[J]. 河南农业, 2019(25): 30.

[34]　王迪轩, 宋艳欣. 小麦湿(渍)害的发生与防止[J]. 四川农业科技, 2013(1): 42-43.

[35]　吕璞, 王小燕. 渍水对小麦生长发育以及产量影响的研究进展[J]. 农村经济与科技, 2015, 26(5):
　　　　6-8.

[36]　赵书燕, 樊彦芬, 潘灏. 小麦倒伏的原因及防倒措施的分析[J]. 农家参谋(种业大观), 2011 (5): 34.

[37]　高新菊, 王恒亮, 马毅辉, 等. 河南省部分地区麦田荠菜对苯磺隆的抗性水平及抗性靶标分子机制
　　　　[J]. 植物保护学报, 2017, 44(3): 501-508.

[38]　高新菊, 郭秀玲, 陈威, 等. 河南省麦田猪殃殃对苯磺隆的抗性及ALS基因突变研究[J]. 麦类作物学
　　　　报, 2017, 37(11): 1518-1524.

[39]　高新菊, 王恒亮, 马毅辉, 等. 河南省小麦田杂草组成及群落特征[J]. 植物保护学报, 2016, 43(4):

697–704.

［40］ 王恒亮, 郭艳春, 穆长安, 等. 不同杀菌剂对小麦纹枯病和赤霉病的防治效果[J]. 植物保护, 2017, 43(1): 193–198.

［41］ 高新菊, 张玉明, 王全德, 等. 河南省猪殃殃对苯磺隆的抗性检测[J]. 植物保护, 2016, 42(6): 181–186.

［42］ 尹志刚, 李刚, 谢许东, 等. 6个药剂组合对小麦白粉病、叶锈病及蚜虫的防效[J]. 浙江农业科学, 2019, 60(11): 1963–1964, 1967.

［43］ 刘一, 徐永伟. 河南省小麦病虫草害的发生特点和全生育期防治对策[J]. 河南农业, 2018 (1): 38–39.

［44］ 叶贞琴. 大力实施绿色防控加快现代植保建设步伐[J]. 中国植保导刊, 2013, 33(2): 5–9, 23.

［45］ 侯学亮, 蒋朝忠. 小麦病虫草害防治技术[J]. 河北农业, 2014 (2): 35–37.

［46］ 王克功, 任瑞兰, 刘博, 等. 冬小麦田恶性杂草节节麦的国内研究进展[J]. 山西农业科学, 2013, 41(9): 1017–1020.

［47］ 陈万权. 小麦重大病虫害综合防治技术体系[J]. 植物保护, 2013, 39(5): 16–24.

［48］ 朱新利. 商丘市小麦高产栽培技术[J]. 农业科技通讯, 2011(11): 106–109.

［49］ 王小菁, 萧浪涛, 董爱武, 等. 2016年中国植物科学若干领域重要研究进展[J]. 植物学报, 2017, 52(4): 394–452.

［50］ 张金良, 罗军, 白文军, 等. 不同杀菌剂防治小麦赤霉病试验研究初报[J]. 农学学报, 2016, 6(8): 18–22.

［51］ 霍燕, 张鹏, 任丽娟, 等. 小麦茎基腐病苗期快速接种鉴定方法研究[J]. 江西农业学报, 2010, 22(8): 93–96.

［52］ 陈建明, 俞晓平, 陈列忠, 等. 我国地下害虫的发生危害和治理策略[J]. 浙江农业学报, 2004, 16(6): 389–394.

［53］ 段云, 蒋月丽, 苗进, 等. 麦红吸浆虫在我国的发生、危害及防治[J]. 昆虫学报, 2013, 56(11): 1359–1366.

［54］ 胡秀荣. 小麦种植技术及病虫害防治技术[J]. 河南农业, 2019(5): 13–14.

［55］ 段云, 武予清, 吴仁海, 等. 小麦吸浆虫几种主要禾本科寄主的生物生态学特征调查[J]. 河南农业科学, 2010 (2): 61–63.

［56］ 全国农业技术推广服务中心. 2019年全国农业有害生物抗药性监测结果及科学用药建议[J]. 中国植保导刊, 2020, 40(3): 64–69.

［57］ 杨现明, 赵胜园, 姜玉英, 等. 大麦田草地贪夜蛾的发生危害及抽样技术[J]. 植物保护, 2020, 46(2): 18–23.

［58］ 姜玉英, 刘杰, 谢茂昌, 等. 2019年我国草地贪夜蛾扩散危害规律观测[J]. 植物保护, 2019, 45(6): 10–19.

［59］ 赵广才. 小麦生产配套技术手册[M]. 北京：中国农业出版社，2012.

［60］ 李永庚，于振文，张秀杰，等. 小麦产量与品质对灌浆不同阶段高温胁迫的响应[J]. 植物生态学报，2005，29(3)：461–466.

［61］ 李英华，陈慧. 优质专用小麦缘何喂不饱市场 [N]. 河南日报，2016-05-28

［62］ 刘慧，王朝辉，李富翠，等. 不同麦区小麦籽粒蛋白质与氨基酸含量及评价[J]. 作物学报，2016，42(5)：768–777.

［63］ 王晨阳，郭天财，阎耀礼，等. 花后短期高温胁迫对小麦叶片光合性能的影响[J]. 作物学报，2004，30(1)：88–91.

［64］ 刘玉田. 淀粉类食品新工艺与新配方[M]. 济南：山东科学技术出版社，2002.

［65］ 方保停，邵运辉，岳俊芹，等. 灌水次数对豫北小麦水分利用和产量的影响[J]. 西南农业学报，2017，30(2)：280–284.

［66］ 方保停，邵运辉，岳俊芹，等. 冬小麦灌浆后期光响应曲线特征参数及其对施氮量响应[J]. 西北农业学报，2011，20(3)：52–56.

［67］ 方保停，邵运辉，岳俊芹，等. 早春不同时期灌水对小麦耗水特性和产量的影响[J]. 河南农业科学，2012，41(10)：36–39.

［68］ 方保停，邵运辉，岳俊芹，等. 河南省小麦节水栽培研究现状与对策[J]. 河南农业科学，2009，38(10)：23–25.

［69］ 方保停，郭天财，王晨阳，等. 限水灌溉对冬小麦灌浆期旗叶叶绿素荧光动力学参数及产量的影响[J]. 干旱地区农业研究，2007，25(1)：116–119.

［70］ 方保停，郭天财，王晨阳，等. 限水灌溉对强筋小麦子粒淀粉积累的影响[J]. 西北农业学报，2005，14(1)：153–157.

［71］ 方保停，何盛莲，邵运辉，等. 当前河南小麦生产存在的问题及其对策[J]. 作物杂志，2009 (4)：97–99.

［72］ 蒿宝珍，张英华，姜丽娜，等. 限水灌溉下追氮水平对冬小麦旗叶光合特性及物质运转的影响[J]. 麦类作物学报，2010，30(5)：863–869.

［73］ 蒿宝珍，姜丽娜，方保停，等. 限水灌溉冬小麦冠层氮分布与转运特征及其对供氮的响应[J]. 生态学报，2011，31(17)：4941–4951.

［74］ 管延安，李建和，任莲菊，等. 禾谷类作物倒伏性的研究[J]. 山东农业科学，1998 (5)：51–54.

［75］ 杨现明，孙小旭，赵胜园，等. 小麦田草地贪夜蛾的发生危害、空间分布与抽样技术[J]. 植物保护，2020，46(1)：10–16.

［76］ 张素瑜，黄洁，杨明达，等. 氮肥基追比和调亏灌溉对小麦水分利用效率和产量的影响[J]. 作物杂志，2019 (4)：94–99.

［77］ 杨程，张德奇，时艳华，等. 不同灌水处理对不同抗旱型小麦品种生长发育和产量的影响[J]. 河南农业科学，2019，48(5)：10–15.

［78］ 方保停, 李向东, 邵运辉, 等. 黄淮麦区冬小麦品种耐热性比较研究[J]. 河南农业科学, 2019, 48(7): 19–23.

［79］ 马富举, 杨程, 张德奇, 等. 灌水模式对冬小麦光合特性、水分利用效率和产量的影响[J]. 应用生态学报, 2018, 29(4): 1233–1239.

［80］ 王汉芳, 杨程, 李向东, 等. 不同带状播种方式对冬小麦群体动态和产量结构的影响[J]. 中国农学通报, 2016, 32(30): 28–31.

［81］ 王汉芳, 季书勤, 李向东, 等. 烯唑醇种衣剂对小麦出苗和幼苗生长发育安全性的影响[J]. 西北农业学报, 2011, 20(10): 38–42.

［82］ 李向东, 张德奇, 王汉芳, 等. 豫南雨养区小麦–玉米周年不同耕作模式生态价值评估[J]. 生态学杂志, 2015, 34(5): 1270–1276.

［83］ 谢耀丽, 张德奇, 李向东, 等. 豫南雨养区近15年小麦生产能力提升原因分析与技术对策——以西平县为例[J]. 中国农学通报, 2013, 29(18): 32–37.

［84］ 李向东, 张德奇, 王汉芳, 等. 豫南雨养区小麦简耕覆盖高产高效技术创新与应用[J]. 河南农业科学, 2012, 41(12): 42–46.

［85］ 张德奇, 季书勤, 李向东, 等. 水分调控对冬小麦根系与叶片生理特性及产量和品质的影响[J]. 华北农学报, 2012, 27(1): 124–127.

［86］ 吕凤荣, 李向东, 季书勤, 等. 喷洒磷酸二氢钾和杀菌剂对强筋小麦郑麦366千粒重和品质的影响[J]. 河南农业科学, 2011, 40(9): 11–13.

［87］ 李向东, 季书勤, 张德奇, 等. 豫南雨养区周年不同耕作模式对小麦花后干物质动态和产量的影响[J]. 生态学杂志, 2011, 30(9): 1942–1948.

［88］ 张德奇, 季书勤, 王汉芳, 等. 弱筋小麦郑麦004的氮、磷肥运筹模式研究[J]. 河南农业科学, 2011, 40(2): 50–53.